UI 交互设计系列丛书

Axure 原型设计实战

车云月　主编

清华大学出版社

北　京

内容简介

Axure作为一种使用广泛的原型制作工具，有着其他软件无法比拟的优势，本书主要介绍原型图的作用与原型图在设计流程中扮演的角色，并讲解原型制作工具Axure 8.0的界面基础知识及实战技巧，最终达到了解原型概念，理解为什么要制作原型图，掌握Axure的设计技巧，非常适合初接触产品或有志成为产品经理的读者朋友。通过对本书的阅读，可快速掌握Axure软件的使用方法。

图书在版编目（CIP）数据

Axure原型设计实战/车云月主编. —北京：清华大学出版社，2017（2021.1重印）
（UI交互设计系列丛书）
ISBN 978-7-302-46527-0

I. ①A… II. ①车… III. ①网页制作工具 IV. ①TP393.092.2

中国版本图书馆CIP数据核字（2017）第025021号

责任编辑：杨静华
封面设计：王　艳
版式设计：魏　远
责任校对：王　云
责任印制：丛怀宇

出版发行：清华大学出版社
　　　　　网　　址：http://www.tup.com.cn，http://www.wqbook.com
　　　　　地　　址：北京清华大学学研大厦A座　　　　　　　　　邮　　编：100084
　　　　　社 总 机：010-62770175　　　　　　　　　　　　　　邮　　购：010-62786544
　　　　　投稿与读者服务：010-62776969，c-service@tup.tsinghua.edu.cn
　　　　　质量反馈：010-62772015，zhiliang@tup.tsinghua.edu.cn
印 装 者：三河市铭诚印务有限公司
经　　销：全国新华书店
开　　本：185mm×260mm　　印　　张：10.75　　字　　数：248千字
版　　次：2017年4月第1版　　印　　次：2021年1月第5次印刷
定　　价：59.80元

产品编号：074039-01

编委会成员

策　划：车立民

主　编：车云月

副主编：刘　洋　李海东　张　亮　许长德　周　贤

编　审：徐　亮　王　静　才　奇　刘经纬　侯自凯

　　　　高瑛玮　赵媛媛　王红妹　郝熙菲　王　昆

　　　　杨文静　路　明　秦　迪　张　欠　邢景娟

　　　　张鑫鑫　赵　辉　滕宇凡　李　丹

本书说明

Axure RP 软件作为一款应用广泛的原型设计软件，具有功能强大、高效、易学易用的特点，在网站原型设计和移动 APP 原型设计中都有很卓越的表现，Axure RP 软件也可用于创建流程图和说明文档，支持多人协作，可极大地提高工作效率。

技能目标

➢ 掌握 Axure RP 软件的使用方法和操作技能。

➢ 了解原型图的制作规范和使用技巧。

➢ 分析产品需求，熟练运用 Axure RP 软件制作各种类型的产品原型。

章节内容

本书通过案例贯穿的方式，从应用基础元件制作简单图标讲起，由浅入深讲解 Axure RP 软件的使用，通过书中案例的学习和训练，旨在帮助读者朋友快速成长为符合"互联网＋"时代企业需求的优秀设计师。

本书内容安排如下。

➢ 第 1 章：认识 Axure RP 8.0，本章主要介绍了软件的设计过程、原型图的作用和意义、Axure RP 8.0 的下载与安装、软件界面、新建项目与项目存储、使用基础元件等方面的知识。

➢ 第 2 章：通过图标案例复习元件的基本使用，通过制作微信登录界面案例学习动态面板知识，通过页面切换案例学习母版知识，同时还介绍了元件样式的设置，包括填充、边框、阴影、透明度和边角设置等。

➢ 第 3 章：通过滑屏解锁和九宫格解锁两种方式实现屏幕解锁的案例，学习动态面板、条件判断、局部变量的使用，介绍了向元件添加交互和条件判断的方法，以及局部变量的意义与设置方式。

➢ 第 4 章：通过产品列表案例和百度搜索案例，讲解中继器的 11 个动作，并在案例中学习中继器与函数、条件判断的结合使用。

➢ 第 5 章：Axure RP 8.0 综合应用，制作微信聊天页面，综合应用基础元件、动态面板、中继器、条件判断、函数，是对 Axure RP 原型制作知识的总结和综合运用。

➢ 第 6 章：项目实战，制作天猫商城 2016 版原型，巩固所学知识，查缺补漏。

➢ 第 7 章：本章是对 Axure RP 8.0 软件使用心得的分享和新手常见问题的解答，包括原型设计尺寸、使用技巧和常见的函数说明等，并在最后对产品经理岗位的相关知识作了简单介绍，为有志于向产品经理岗位发展的读者予以帮助。

适用人群

本书以案例的形式进行讲解，由简到难，循序渐进，适合普通高校和高等职业院校的教学，也适用于有志于从事原型设计工作的爱好者、UI设计师及产品专员，也能对有一定理论基础，需要进行实践的读者给予帮助。

在本书的编写过程中，新迈尔（北京）科技有限公司教研中心通过岗位分析、企业调研，力求将最实用的技术呈现给读者，以达到我们培养技能型专业人才的目标。

本书配有相关素材与案例源文件，可在 www.tup.tsinghua.com 自行下载。学习时先阅读再尝试独立完成，虽然我们经过了精心的编审，但也难免存在不足之处，希望读者朋友提出宝贵的意见，以趋完善，如果在使用中遇到问题请发邮件至 zhoux@itzpark.com，在此表示衷心的感谢。

序　言

近年来，移动互联网、大数据、云计算、物联网、虚拟现实、机器人、无人驾驶、智能制造等新兴产业发展迅速，但国内人才培养却相对滞后，存在"基础人才多、骨干人才缺、战略人才稀，人才结构不均衡"的突出问题，严重制约着我国战略新兴产业的快速发展。同时，"重使用、轻培养"的人才观依然存在，可持续性培养机制缺乏。因此，建立战略新兴产业人才培养体系，形成可持续发展的人才生态环境刻不容缓。

中关村作为我国高科技产业中心、战略新兴产业的策源地、创新创业的高地，对全国的战略新兴产业、创新创业的发展起着引领和示范作用。基于此，作者所负责的新迈尔（北京）科技有限公司依托中关村优质资源，聚集高新技术企业的技术总监、架构师、资深工程师，共同开发了面向行业紧缺岗位的系列丛书，希望能缓解战略新兴产业需要快速发展与行业技术人才匮乏之间的矛盾，能改变企业需要专业技术人才与高校毕业生的技术水平不足之间的矛盾。

优秀的职业教育本质上是一种更直接面向企业、服务产业、促进就业的教育，是高等教育体系中与社会发展联系最密切的部分。而职业教育的核心是"教""学""习"的有机融合、互相驱动，要做好"教"，必须要有优质的课程和师资；要做好"学"，必须要有先进的教学和学生管理模式；要做好"习"，必须要以案例为核心，注重实践和实习。新迈尔（北京）科技有限公司通过对当前国内高等教育现状的研究，结合国内外先进的教育教学理念，形成了科学的教育产品设计理念、标准化的产品研发方法、先进的教学模式和系统性的学生管理体系。在我国职业教育正在迅速发展、教育改革日益深入的今天，新迈尔（北京）科技有限公司将不断沉淀和推广先进的、行之有效的人才培养经验，以推动整个职业教育的改革向纵深发展。

通过大量企业调研，目前 UI/UE 交互设计师岗位面临着人才供不应求的局面，与过去相比，企业对于 UI/UE 设计师的要求在不断提高，过去的平面设计师已经很难满足企业要求，本系列教材覆盖平面设计、创意设计、移动 UI 设计、网站设计、交互设计、Web 前端开发等模块，教学和学习目标是让学习者能够胜任 UI 交互设计师岗位，不仅会熟练使用设计软件进行平面、移动 APP 和网站设计，还能够根据不同行业、产品和用户进行创意设计，能够更加注重所设计产品的商业价值和用户体验。

任务为导向、通过案例教学、注重实战经验传递和创意训练是本系列图书的显著特点，转变了先教知识后学应用的传统学习模式，改变了初学者对技术类课程感到枯燥和茫然的学习心态，激发学习者的学习兴趣，打造学习的成就感，建立对所学知识和技能的信心，是对传统学习模式的一次改进。

UI/UE 交互设计系列丛书具有以下特点。

➤ 以就业为导向：根据企业岗位需求组织教学内容，就业目的非常明确。

➤ 以实用技能为核心：以企业实战技术为核心，确保技能的实用性。

➤ 以案例为主线：从实例出发，采用任务驱动教学模式，便于掌握，提升兴趣，本质上提高学习效果。

➤ 以动手能力合格为目标：注重培养实践能力，以是否能够独立完成真实项目为检验学习效果的标准。

➤ 以增长项目经验教学目标：以大量真实案例为教与学的主要内容，完成本课程的学习后，相当于在企业完成了上百个真实的项目。

信息技术的快速发展正在不断改变人们的生活方式，新迈尔（北京）科技有限公司也希望通过我们全体同仁和您的共同努力，让您真正掌握实用技术、变成复合型人才、能够实现高薪就业和技术改变命运的梦想，在助您成功的道路上让我们一路同行。

作　者

2017 年 2 月于新迈尔（北京）科技有限公司

目　录

▶ 第 1 章

初识Axure

本章简介

本章主要介绍原型图的作用与原型图在设计流程中扮演的角色，原型制作工具 Axure 8.0 的基础操作，使读者了解原型的概念，理解为什么要制作原型图，掌握 Axure 的基础知识，更好地为第 2 章的基础元件学习做准备。

本章工作任务

学习原型图，熟悉 Axure 8.0 页面布局与基本操作。

本章技能目标

- 了解软件的生命周期。
- 认识原型图的重要作用。
- 掌握 Axure 8.0 的元件位置和基本操作。

预习作业

1. 概念理解

请在预习时找出下列名词在教材中的解释，了解它们的含义，并填写于横线处。

（1）产品 _____

（2）需求 _____

（3）线框图 _____

（4）原型图 _____

（5）站点地图 _____

（6）元件 _____

2. 预习并回答以下问题

（1）原型图的作用是什么？

（2）如何将原型图转化为设计图？

（3）简要描述优秀原型工具的特点。

（4）简要描述 Axure 8.0 软件界面的几大模块。

1.1 产品设计

1.1.1 产品设计的 5 个阶段

互联网产品设计从获取需求开始到设计完成交付结束，整个设计过程可以分为：需求的获取及软件可行性规划、需求分析、软件规划与原型设计、界面设计与程序编码、软件测试与交付 5 个阶段，详细的产品设计过程一般如图 1.1 所示。

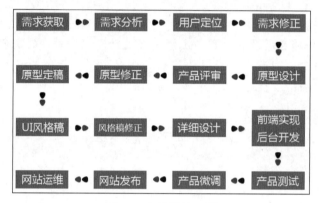

图 1.1　产品设计过程

1. 需求的获取及软件可行性规划

一般情况下，第一阶段是由市场运营师与开发工程师共同讨论完成，主要是需求的获取，并确定软件的开发目标及其可行性。

2. 需求分析

在确定了软件开发可行性的情况下，项目经理和产品经理需要对软件需要实现的各个功能进行详细的需求分析，例如，模块的划分、目标用户的定位、软件的核心卖点等。用户的需求分析阶段是一个很重要的阶段，这一阶段做得好，软件的开发也就相当于完成了一半。"唯一不变的是变化本身"，软件的需求不是一成不变的，而是一直在调整和深入的。因此，项目经理和产品经理必须快速反应来应付这种变化，做出计划，以确保整个项目的正常进行。

3. 软件规划与原型设计

软件规划与原型设计阶段是根据需求分析的结果，对整个软件系统进行初步设计的过程，以原型的方式来确定如系统框架设计、数据库设计、软件功能细分、样式风格等任务。经过多次产品评审，修正软件的设计方案，获取满意的软件设计方法，制订最优的时间规划、最节省的人力投入方案等。

4. 界面设计与程序编码

界面设计与程序编码阶段是将软件设计方案的结果转化为实际产品的过程。无论是编码还是界面设计都要符合规范，做到统一易懂。在界面设计中一定要做出设计规范，为版本迭代打下良好的基础。在程序编码中必须制定统一、符合标准的编写规范，以保证程序的可读性与易维护性，提高程序的运行效率。规范设计方便后续的版本升级和维护。

5. 软件测试与交付

在软件设计完成之后要进行严密的测试，如果发现软件在测试过程中存在问题，应及时加以纠正。整个测试阶段分为单元测试、组装测试和系统测试 3 个阶段，测试方法主要使用白盒测试和黑盒测试。测试通过之后即可上线运营，开始后期运营维护。

早期的产品开发并不包含原型设计过程，是直接从需求到设计，但由于各方对实际需求理解有偏差，造成大量返工，甚至导致产品因不符合需求而无法交付，引入原型设计后这个问题便可迎刃而解。

1.1.2　参与原型设计的角色

从软件设计过程可以看出，原型一直贯穿整个设计过程，其中，需求分析师、产品经理、开发工程师、设计师都参与到原型的确认和优化中，如果要制作高保真原型，必须有设计师的支持，否则无法完成原型制作。同时在界面的设计中，设计师还会对原型提出修改意见。开发工程师会验证原型的结构是否在程序上行得通。测试工程师会在测试用例编写时反馈原型的逻辑问题。整个项目组的人员都会或多或少地参与原型的制作过程，参与最多的是需求分析师、产品经理和设计师。

1.2　认识原型图及原型制作软件

本节将介绍什么是原型图，为什么要用原型图，原型图能做什么，及原型制作软件 Axure 的优点。

1.2.1　原型图的定义与作用

1. 原型图的定义

原型图是使用线条和图形描绘的产品的框架，低保真的原型图也称线框图，如图 1.2 所示。

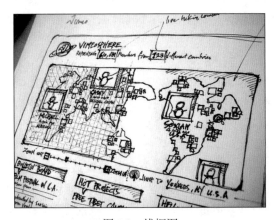

图 1.2　线框图

原型图设计可以采用手绘方式，也可以使用原型设计软件制作。相比于手绘线框图，使用原型制作软件绘制的原型图（如图 1.3 所示）有修改方便、易于展示、交互直观、制作快速等优点，受到了需求分析师和产品经理的欢迎。简单理解，原型是将页面的元素、模块、人机交互的形式以线框描述的方法来表达，以一种"粗糙"的方式展现产品的核心功能，是一种最简单和直白的需求表现形式。

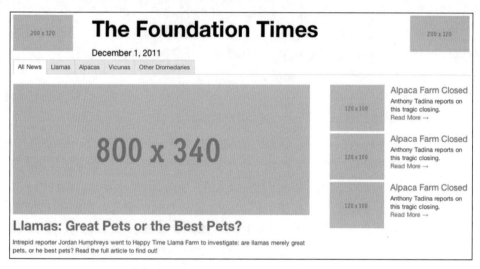

图 1.3　原型制作软件制作的原型图

2. 原型图的作用

（1）是需求人员自我验证的方式

无论是在甲方公司还是乙方公司，产品都是由看不见、摸不到的需求转化而来的，将产品从抽象的概念转变为最终的实际产品，原型提供了良好的渠道和方法。用简单的原型可以验证各方对需求理解的正确性或者是否有遗漏，并在多轮的需求细化中逐步让产品更加明确和丰满起来。

（2）以图形化的方式展现需求

图形带给人的感觉是最直观的。如果一篇 200 字的文章和一幅图片表达的是相同的意思，最好采用图片去展示。原型以简单直白的方式展现需求，图片化的产品原型是保证理解不出现偏差的最好方式，同时原型也是产品经理和需求分析师完成需求文档的依据。

（3）验证产品，确认需求

最终的需求都是通过调研确定的，在有着不同的文化背景和年龄特质的客户人群中做调研，要确保理解的需求是"正确"的需求，最直接的方式，就是设计出原型，交给用户审阅，验证需求的正确性。

（4）是设计的依据

设计人员了解产品需求的时间不会像产品经理或需求分析师一样长，但如果不能理解产品需求，在较短的时间内设计出符合需求的产品是不可能的。为设计人员提供一份样式简单的原型，既能弥补这一不足，又能节省沟通成本。

（5）是开发的依据

实际工作中，代码的编写和界面的设计往往是并行的，拥有产品明确的样式和需求，是保证代码编写顺利的保障。如果没有原型，凭空去理解需求进而进行代码的编写不但不能达到预期效果，而且还会造成极大的人力资源浪费。因为每个人对事情的理解是不同的，这样做会导致总要对代码做出大量的修改。

（6）是产品测试的依据

作为测试人员，可以通过原型快速了解产品的核心功能，了解页面展现形式，方便测试工程师及早了解需求，评估需求，制订测试计划，分配测试任务，编写测试用例。

（7）是提前推广的依据

当今社会谁抢占了先机，谁就能赢得胜利。产品的宣传一般是从一个概念开始的。要尽早推广宣传，原型无疑是运营销售人员制作推广方案的依据。在确定需求以后，产品经理快速做出原型，推广宣传就可以开始了。

总体来说，原型制作成本小，所需时间短，方便开发者熟悉需求和评估需求，为开发工程师评估需求的可实现性提供了保障，避免了界面设计师的"天马行空"和"不切实际"的行动，降低产品后期走弯路导致产品不能按时提交上线的可能性，方便沟通，也提高了产品的成功率。

1.2.2 使用原型图的意义

1. 原型图是有效的沟通工具

由于原型图的直观性和交互的视觉化（如图 1.4 所示），原型图成为了有效的产品沟通工具，可有效地避免重要元素被忽略，也能够阻止原型设计人员做出不准确、不合理的假设，从而提高效率，减少由于理解的偏差出现的各种问题。

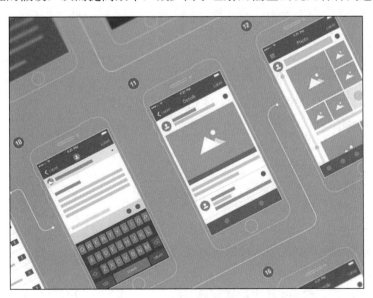

图 1.4　APP 产品原型

2. 原型图更加细致真实

原型图除常见的简单原型之外，还有高保真原型图（如图 1.5 所示），极大地还原了真实产品的外观和功能，在视觉方面最大程度地保证了产品的风格和样式，带来视觉冲击。虽然高保真原型图制作耗时较长，但实际效果也不是线框图和普通原型图能比拟的。

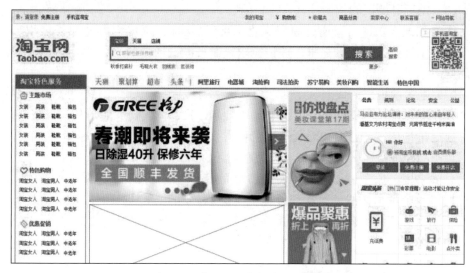

图 1.5　淘宝页面高保真原型图

3. 原型图对风险的把控

原型图可以用来识别产品存在的问题和不足，当出现问题时，可以做出直接、及时的修正。由于理解的不同，需求分析师和产品经理对产品的设计会有不同，在评审时使用原型图可以修正因需求理解的不同而产生的问题，减少后期设计开发过程中的返工，保证不出现由于方向性问题造成的不必要的时间和人力成本的浪费，增强了对风险的把控，保证工期和预算，节约了项目成本。

1.2.3　为什么使用 Axure 软件

作为一套优秀的原型制作软件，需要具备以下 5 个条件：

➤ 支持演示。
➤ 可扩展组件库。
➤ 可快速生成全局流程。
➤ 多人协作。
➤ 支持手势操作、转场动画和交互特效。

这 5 个条件贯穿了软件原型设计的整个过程，是不可缺少的。如果原型制作软件不满足上述条件，那么用软件设计原型是不能完成的。Axure 软件除具备上述 5 个条件外，还具备以下优点。

➤ 应用广泛：Axure 软件是目前最受欢迎、使用广泛的原型制作工具，可以说所有与原型打交道的需求分析师和产品经理都会使用 Axure 软件。

➢ 学习成本小：它的学习成本也比较小，使用者经过短时间的简单学习就能
制作产品原型。

➢ 软件功能强：无论是 PC 端的网页原型制作，还是移动端的 APP 原型制作，
Axure 软件都能够很好地完成。

➢ 交互效果好：在高保真原型制作中，软件本身自带的交互效果完全满足实
际需求，甚至可以做出完全还原的高保真原型图。

1.3 认识 Axure 软件

1.3.1 Axure 软件的下载与安装

Axure 软件的下载地址为 http://www.axure.com.cn，此网址为中文官网的网址，
如图 1.6 所示。

图 1.6 Axure 中文网

（1）进入下载页面

将光标移动到屏幕的右上角，单击"下载"按钮进入下载页面，如图 1.7 所示。

图 1.7 进入下载页面

（2）下载安装包和汉化包

单击"Axure RP 8.0 正式版 Windows 版软件安装包"和"Axure RP 8.0 中文语言包下载地址"相关链接，下载安装包和汉化包，如图 1.8 所示。

（3）解压下载的压缩包

打开"Axure RP 8.0 中文版-Windows 版本\Axure8.0 中文版-Windows 版本\windows 版本"文件夹中的 AxureRP-Setup，双击运行，开始安装。

（4）安装过程

准备安装过程中安装程序会自动检测计算机上是否安装了 Framework 4.0，如图 1.9 所示，如果未安装，则自动安装，然后开始安装 Axure 软件；如果不能自动安装 Framework，下载最新的 4.5 版本并安装后即可解决。

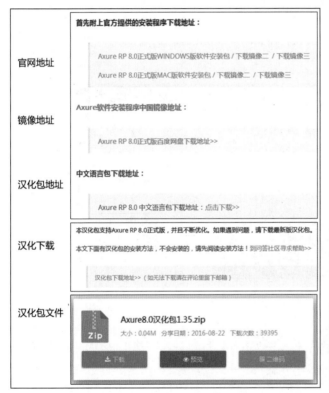

图 1.8　下载安装包和汉化包

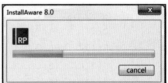

图 1.9　安装准备页面

（5）选择路径

安装后直接单击 Next 按钮即可，如图 1.10 所示。在确认页面选中 I Agree 复选框，如图 1.11 所示。系统默认安装路径为 C 盘（也可以自定义安装目录）。

（6）安装完成

安装完成后，此时的软件语言版本为英文版，关闭软件，右击软件图标，在弹出的快捷菜单中选择"属性"命令，打开"Axure RP 8 属性"对话框，单击"打开文件位置"按钮，如图 1.12 所示。

（7）将解压好的 lang 文件夹复制到 Axure 所在目录下即可完成汉化，如图 1.13 所示。

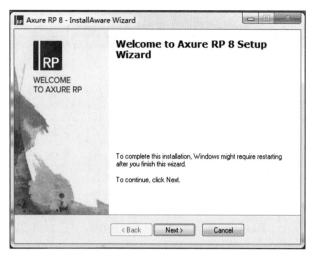

图 1.10　欢迎界面

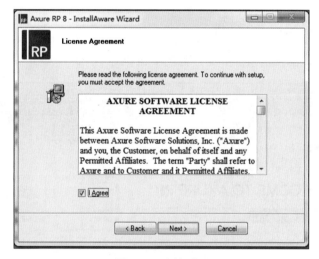

图 1.11　确认页面

图 1.12　打开文件位置

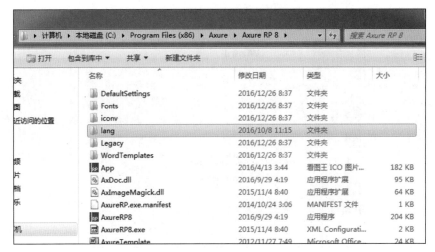

图 1.13　软件的汉化

1.3.2　项目的创建与存储

软件启动后，会弹出欢迎界面，如图 1.14 所示。

图 1.14　Axure 软件的欢迎界面

在弹出的窗口中可进行以下操作：

➢　新建文件或打开文件。

➢　查看版本号。

➢　观看演示动画。

1. 项目的新建与存储

（1）新建

开始一个新项目的方式有两种：一种是直接单击欢迎界面中的"新建文件"按

钮，新建以 .rp 为后缀的文件；另一种是关闭欢迎窗口，选择顶部导航中的"文件 >
新建"命令创建一个新的项目。

（2）存储

创建一个新项目，建议在新项目创建后直接存储项目并为项目命名，养成良好
的使用习惯，防止由于突然断电、计算机死机等意外造成文件丢失。存储项目可以
使用快捷键 Ctrl+S，也可以选择"文件 > 保存"命令，在弹出的"另存为"对话框
中进行保存，如图 1.15 所示。

图 1.15　文件的存储

2. 项目的打开

选择"文件 > 打开"命令或使用快捷键 Ctrl+O 即可打开已经存在的项目文件，
如图 1.16 所示。

3. RP 文件的导入

在实际使用中经常发生需要把两部分文件合并或把另一个文件的样式复制到新
文件中的情况，Axure 软件提供了"从 RP 文件导入"功能，解决了逐个复制页面
的麻烦，如图 1.17 所示。

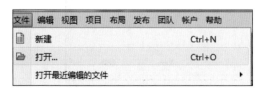

图 1.16　文件的打开

图 1.17　从 RP 文件导入

选择"文件 > 从 RP 文件导入 ..."命令后弹出"打开"对话框，如图 1.18 所示，在找到目标文件后单击"打开"按钮会弹出"导入向导"对话框，在其中依次选择要导入的页面（如图 1.19 所示）、母版（如图 1.20 所示），进行导入检查（如图 1.21 所示），导入自适应试图（如图 1.22 所示）、生成的配置（如图 1.23 所示），页面说明字段（如图 1.24 所示）、元件说明和自定义字段设置（如图 1.25 所示）、页面样式（如图 1.26 所示）、元件样式（如图 1.27 所示）、变量（如图 1.28 所示）、全局辅助线（如图 1.29 所示）、摘要（如图 1.30 所示），即可导入需要的 RP 文件。

图 1.18　选择要导入的文件

图 1.19　选择要导入的页面

图 1.20　选择要导入的母版

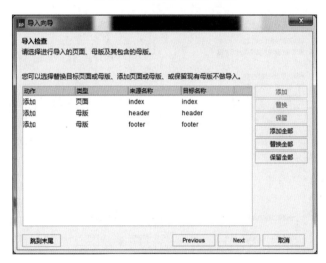

图 1.21　选择要导入的检查

图 1.22　选择要导入的自适应视图

图 1.23　选择要导入的生成配置

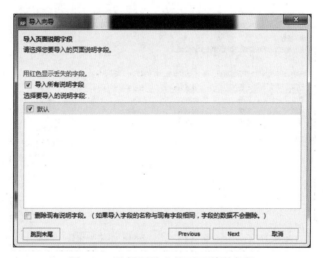

图 1.24　选择要导入的页面说明字段

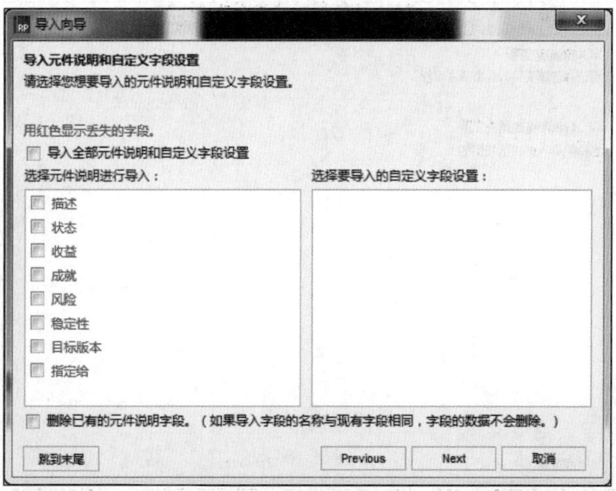

图 1.25　选择要导入的元件说明和自定义字段设置

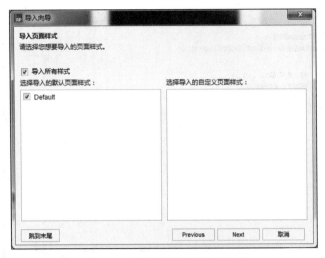

图 1.26　选择要导入的页面样式

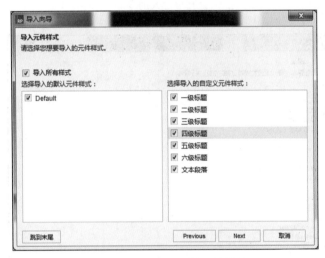

图 1.27　选择要导入的元件样式

图 1.28　选择要导入的变量

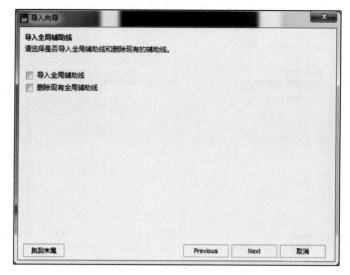

图 1.29 选择要导入的全局辅助线

图 1.30 选择要导入的摘要

4. Axure 文件的 3 种格式

在 Axure 中，有 3 种文件格式：.rp、.rplib 和 .rpprj。

➢ .rp 文件格式是默认的文件格式，也是一般新建项目时的文件格式，是单独的文件。

➢ .rplib 文件格式是元件库文件的格式，可以在网上下载元件库，也可以自定义元件。

➢ .rpprj 文件是团队项目的文件格式，一般由多人完成项目，可恢复历史版本，一般在 SVN 服务器或者 axshare 上搭建。

Axure 的 3 种不同的文件在显示时颜色不同，可以用来做区分（如图 1.31 所示），如果未安装 Axure 软件，可以通过查看后缀来区分。

图 1.31　Axure 文件源的格式

1.3.3　Axure 8.0 软件界面与元件介绍

1. 熟悉 Axure 8.0 界面

在 Axure 8.0 的软件界面（如图 1.32 所示）中，面板上各块区域是可移动和关闭的，可以选择"视图 > 重置视图"命令恢复。

图 1.32　Axure8.0 工作界面

➢ 主菜单工具栏：类似 Office 办公软件的菜单设置，鼠标指针移到菜单上会有对应的提示。

➢ 站点地图：所有页面文件都存放在这个位置，可以在这里增加、删除、修改、查看页面，也可以通过鼠标拖动调整页面顺序以及页面之间的关系。

➢ Axure 元件库：也称为 Axure 组件库、Axure 部件库，所有软件自带的元件和加载的元件库都在这里，可以执行创建、加载、删除 Axure 元件库的操作，也可以根据需求显示全部元件或某一元件库的元件。

➢ 母版管理：可以创建或删除母版。例如，网页头、导航栏等出现在每一个页面的元素，可以绘制在母版中，然后加载到需要显示的页面，这样在制作页面时就不需要再重复这些操作。

➢ 主操作界面：绘制产品原型的操作区域，将需要使用的元件拖到该区域才可以使用。

➢ 元件属性样式：可以设置选中元件的标签、样式，添加与该元件有关的注释，以及设置页面加载时触发的事件。

★ 交互事件：元件属性区域闪电样式的小图标代表交互事件。

★ 元件注释：交互事件左侧的图标是用来添加元件注释的，在这里能够添加一些元件限定条件的注释，例如，对于文本框，可以添加注释指出输入字符长度不能超过 20。

★ 元件样式：交互事件右侧的图标是用来设置元件样式的，可以在这里更改元件的字体、尺寸、旋转角度等，当然也可以进行多个元件的对齐、组合等设置。

➢ 动态面板：也是很重要的区域，在动态面板管理区可以添加或删除动态面板的状态，改变状态的排序，设置动态面板的标签。当绘制过程中动态面板被覆盖时，可以在这里通过单击选中相应的动态面板，也可以双击进入编辑状态。

2. 元件库的分组与元件样式

下面重点介绍一下元件库。Axure 8.0 版本的元件库按照功能的不同可分为 6 组，如图 1.33 所示。

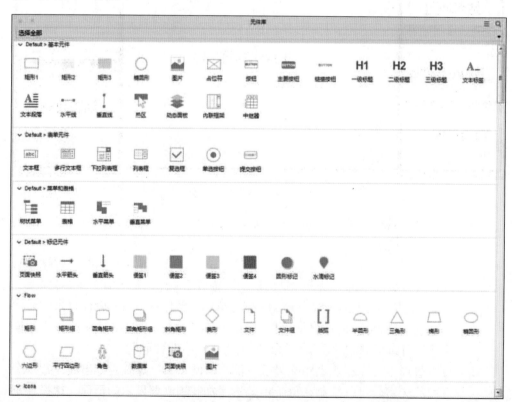

图 1.33　元件库的展开状态

（1）基本元件

基本元件与元件在操作区中的样式如图 1.34 所示。

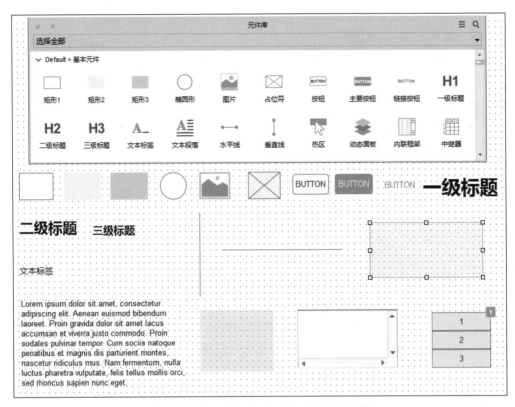

图 1.34　基本元件与元件在操作区中的样式

> 矩形 / 椭圆形：Axure 8.0 软件中提供了 3 个预设矩形元件，椭圆形元件与矩形元件本质无区别，只是样式不同，此处主要介绍矩形元件。矩形的应用比较广泛，例如作为页面的背景、按钮，以及一些元件的遮盖等；矩形的形状可以通过右击并在弹出的快捷菜单中选择"编辑选项＞改变形状"命令来改变，例如，制作选项卡时需要用顶部为圆角的矩形，就可以通过改变矩形的形状来实现。

> 图片：将图片元件拖入编辑区后，可以通过双击选择本地磁盘中的图片将图片载入到编辑区，Axure 会自动提示将大图片进行优化，以避免原型文件过大；选择图片时可以选择图片原始大小，或保持图片元件的大小。

> 占位符：制作原型时，可以用它来代替一些没有交互或者交互比较简单、容易说明的区域；也可以做成关闭按钮。占位符在保真度比较高的产品原型中作用不大。

> 按钮：基本元件库中预设 3 种按钮，分别是默认按钮、主要按钮和链接按钮。在项目中可以根据需要选择相应的按钮，也可以使用矩形元件制作自定义按钮。

> 标题：Axure 8.0 中提供 3 种标题元件，分别是一级标题、二级标题和三级

标题。可以根据使用时的不同需要来选择对应的标题元件，也可以通过文本标签自定义标题样式。当标题的长度超过默认长度时，标题会自动换行，此时可以通过拖动四周的控制点调整边框的长度，适应标题文字。

➤ 文本标签 / 文本段落：在网页中文本的名称是 lable，用于在页面中添加说明文字、文字链接，或一些动态的提示。文本标签中的文字只能单行显示，不能换行；文本段落中的文字可以换行。

➤ 水平线 / 垂直线：就是一条直线，可以在表示页面一些区域分割时使用，例如，在两块不同区域之间添加一条水平线来明显地区分。可以通过设置元件属性中的角度，将水平线变成斜线来使用。

➤ 热区：用于单击图片中某个区域产生交互事件时使用，图片热区也是矩形的一种，可以通过设置矩形无边框，背景色透明度为 100% 来实现。在项目中热区不会显示出来，可以添加交互效果。

➤ 动态面板：是非常重要的 Axure 元件，必须掌握其使用方法。动态面板的显示、隐藏、多状态等都是非常有用的，详细使用方法将在后面结合案例进行讲解。

➤ 内联框架：用于在页面中嵌入其他页面的 Axure 元件，可以设置好宽高后双击内联框架，指定要嵌入的页面。框架可以通过编辑选项取消滚动条，应用场景多见于网站后台原型和移动互联网产品原型。

➤ 中继器：中继器元件是 Axure 7.0 版本之后才添加的元件，是一个数据集的模拟，类似数据库，用来显示一些可变化的数据更新。详细用法将在后续的案例中讲解。

（2）表单元件

表单元件与元件在操作区中的样式如图 1.35 所示。

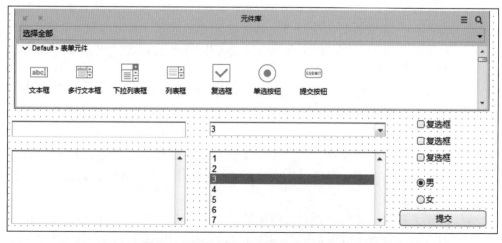

图 1.35　表单元件与元件在操作区中的样式

➤ 文本框：用于输入文字的 Axure 元件，如登录、标题、密码框等。单行文本框只能输入单行文本。可以通过属性面板中的"样式"进行设置。同时可以设置提示文字，并通过设置"最大长度"限制文字的输入数量。文本框有正常、只读、禁用 3 个状态。文本框的边框可以通过右击，在弹出的快捷菜单中选择"隐藏边框"命令进行隐藏。

➢ 多行文本框：用于实现更多文字内容输入的 Axure 元件，用于制作回复、评论、发布框等区域。

➢ 下拉列表框：单击时展开多个选项的 Axure 元件，主要在制作类别选择或多条件查询效果时使用。页面展示时只能选择，不能输入。在项目中双击"下拉列表框"元件，在弹出的对话框中可编辑下拉列表。

➢ 列表框：一个多选项的列表，带滚动条效果。编辑时如果选择"允许选中多个选项"，则允许进行多选。

➢ 复选框：在同类别内容同时选择多个选项时使用，例如，注册页面信息填写中个人兴趣的选择，又例如，批量删除邮件时选择多个邮件的功能。

➢ 单选按钮：多个选项仅能使用其中之一时使用，例如性别选择。需要多个单选按钮实现联动效果时，需要按住 Shift 键，选中需要联动的单选按钮，右击，在弹出的快捷菜单中选择"设置单选按钮组"命令，并在之后弹出的对话框中为按钮组命名，最后单击"确定"按钮完成设置。

➢ 提交按钮：普通的提交按钮，用于提交数据。

（3）菜单和表格

菜单和表格元件与元件在操作区中的样式如图 1.36 所示。

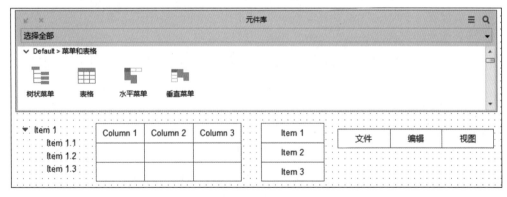

图 1.36　菜单和格式与元件在操作区中的样式

➢ 树状菜单：主要用于网站导航。单击向下三角形时列表收起，切换为向右三角形，再次单击时列表打开。三角形可以替换为其他图形，也可以对节点的数量进行修改，多用于网站后台。

➢ 表格：表格很常见，可以设置样式，插入删除。每个表格都可以设置单独的事件，但是 Axure 还不支持单元格的合并。

➢ 水平菜单：主要用于制作水平网站导航，可以对菜单进行数量的添加，或者添加子级菜单，多用于网站前台。

➢ 垂直菜单：主要用于制作垂直网站导航，使用方法同水平菜单。

（4）标记元件

菜单和表格元件与元件在操作区中的样式如图1.37所示。

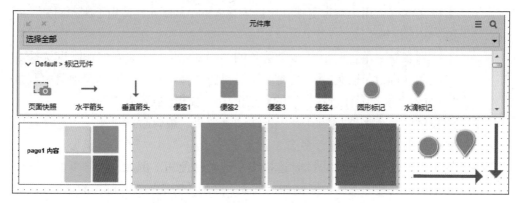

图1.37　标记元件与元件在操作区中的样式

标记元件为Axure 8.0版本的新增元件，用来对项目进行说明和标注。

➢ 页面快照：用于引用页面的图像，可以是整个页面也可以是部分页面。通过右击"适应比例"选项来设置。双击元件弹出对话框选择需要引用的页面，但被引用页面不能是元件"页面快照"所在页面。

➢ 水平箭头/垂直箭头：箭头用于指向页面中的元件，可以通过工具栏上的选项设置箭头的颜色、粗细和样式。

➢ 便签：只作文字说明用，Axure 8.0预设4种标签样式，也可以通过工具栏上的选项修改其填充颜色、边框、投影样式、字体大小、字体颜色等。

➢ 标记：标记与便签的功能类似，用作标记说明。同样可以设置其填充颜色、边框、投影样式、字体大小、字体颜色等。

（5）流程图

流程图元件如图1.38所示，主要用于制作流程图和逻辑图，Axure软件中并没有严格规定每个形状的意义，但一般每个形状的意义都是固定的。例如，矩形代表执行，菱形代表判断，圆柱代表数据库，椭圆代表流程结束等。

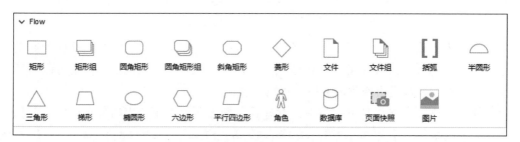

图1.38　流程图元件

（6）图标

图标元件是 Axure 软件的自带图标，如图 1.39 所示。

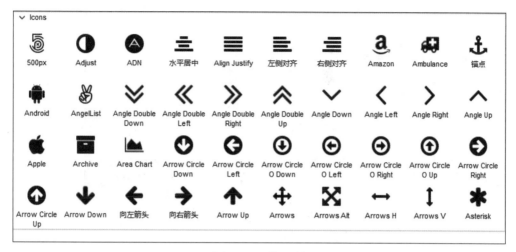

图 1.39　图标元件

Axure 8.0 版本更新了图标元件库，新增了大量图标，基本满足了原型制作时的需求，减少了寻找或制作图标的麻烦，提升了工作效率。

3. 元件库的安装与卸载

Axure 有很强大的元件库，当基本元件不能满足需要时，例如，制作高保真的 APP 原型，需要载入一些新的元件库来满足设计需要，可以到网上去查找元件库，也可以到 Axure 的支持中心 http://www.axure.com/support/download-widget-libraries 下载元件库。

（1）元件库的载入

单击元件库右上方的"更多"按钮，选择"载入元件库"选项，如图 1.40 所示，开始元件的载入。选择需要载入的元件库，单击"打开"按钮完成载入，如图 1.41 所示。

图 1.40　载入元件库

图 1.41　选择要载入的文件

（2）元件库的卸载

在选择框中选择要卸载的元件库，如图 1.42 所示，单击元件库右上方的"更多"按钮，选择"卸载元件库"选项完成卸载，如图 1.43 所示。

图 1.42　选择元件库

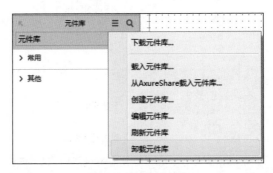

图 1.43　卸载元件库

1.3.4　元件基础操作

1. 元件的基础操作

元件需要拖到操作区才可以对其进行操作。在拖动时选择需要使用的元件，如

图 1.44 所示，按住鼠标左键不放，拖动到操作区后松手，在操作区中便可看到要使用的元件，如图 1.45 所示。

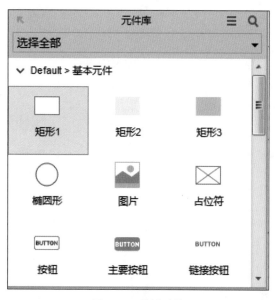

图 1.44　选择元件

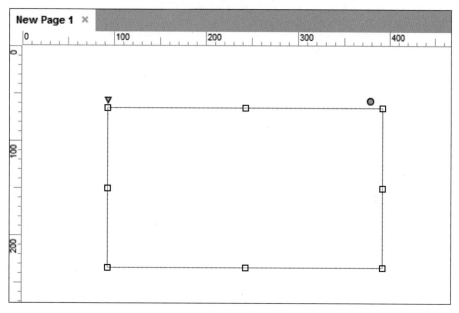

图 1.45　元件拖入面板中

通过拖动图形上的 8 个调节点可以改变图形的大小，如图 1.46 所示。通过拖动图形左上角的黄色角标，可改变图形的圆角弧度（拖动时显示弧度大小），将图形转变为圆角矩形，如图 1.47 所示。当原来的图形为正方形时，将弧度变到最大原矩形即可变为圆形，如图 1.48 所示。

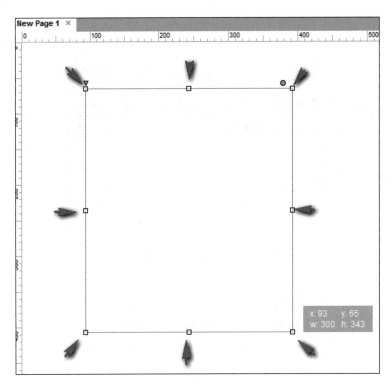

图 1.46 改变形状

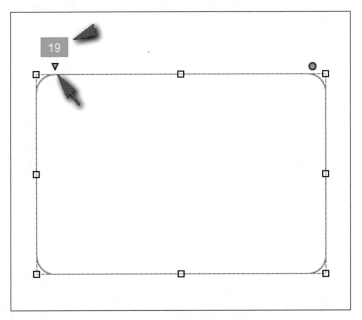

图 1.47 改变圆角弧度

当按下 Ctrl 键时，将鼠标指针移动到调节点上，指针会变为"↻"样式，此时可按任意角度对图形进行旋转，如图 1.49 所示。如果此时再按下 Shift 键，图形将按每次 15° 进行旋转。

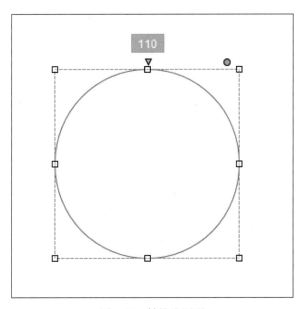

图 1.48　转换为圆形

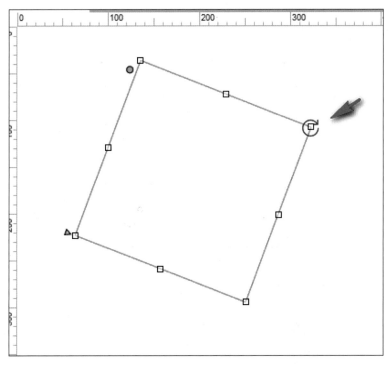

图 1.49　改变图形角度

　　单击右上角的灰色圆点，会弹出图形变化的预设效果，如图 1.50 所示，选择预设效果，将原图形转变为想要得到的样子，如果不能满足需求，也可以转换为自定义形状进行调节，指针形态也会变为可用来自定义调节的白色小箭头，拖动 4 个调节点即可改变形状，如图 1.51 所示。

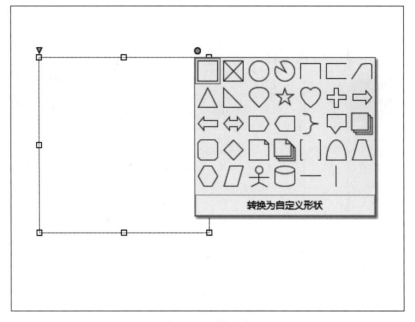

图 1.50 预设形状

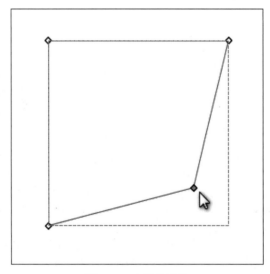

图 1.51 自定义形状

　　如果要制作有曲线的形状，可以将鼠标指针移动到需要添加的位置添加锚点，添加 / 删除 / 调节方式与 Photoshop 软件中的锚点调节方式相同。Axure 8.0 中同样也增加了钢笔工具来完成不规则的形状设计，使用方式与 Photoshop 软件中的钢笔工具相同。在编辑方面，Axure 8.0 的编辑功能与 Photoshop 软件类似，在学习了 Photoshop 软件后，很容易在 Axure 中制作出复杂的图形样式，如图 1.52 所示，可进行颜色填充，添加阴影、渐变、不透明度、描边等操作。

　　除了上述矩形自身样式的编辑外，右击矩形元件，在弹出的快捷菜单（如图 1.53 所示）中可以看到还有许多其他针对元件的操作，在后续的学习中将一一解答。

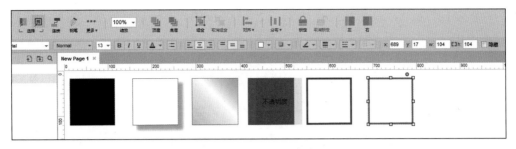

图 1.52　图形样式编辑

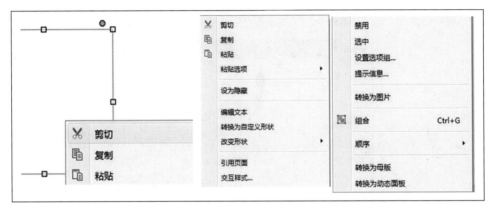

图 1.53　菜单内容

2. 软件的辅助功能操作

（1）视图放大与缩小

在项目的设计中经常涉及制作外观复杂，或微小或大型的部件，要查看这样的部件样式或整体布局，就需要使用查看视图的功能。

单击顶部工具栏上的"缩放"下拉列表框，调整数值，就可以对项目进行缩小或放大，数值为 10%～400%，如图 1.54 所示。

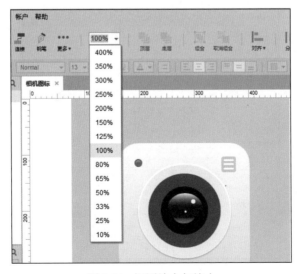

图 1.54　视图放大与缩小

查看视图也可以使用快捷键完成。按住 Ctrl 键的同时滚动鼠标滚轮即可。向上滚动滚轮时放大视图，向下滚动时缩小视图。

直接滚动滚轮，向上滚动为向上查看页面视图，向下滚动为向下查看页面视图。Axure 软件如同 Photoshop 软件一样拥有抓手功能，按住 Space 键时，即可拖动页面查看相应位置的视图。

（2）标尺功能

Axure 的标尺功能是默认启用的，位置在操作区的左侧和上方，单位为像素（书中未标明单位的数值，单位默认为像素，如"设置宽高为 70×150"，代表宽度为 70 像素，高度为 150 像素），如图 1.55 所示。

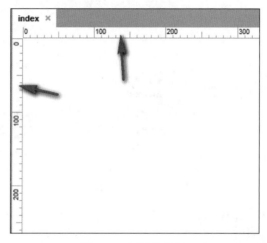

图 1.55　标尺的位置

（3）辅助线功能

将鼠标指针移动到标尺上，按下鼠标左键向操作区拖动，松开鼠标即可得到一条参考线，如图 1.56 所示。

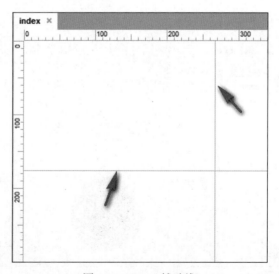

图 1.56　Axure 辅助线

辅助线默认显示在页面的顶层，如果需要显示在底层，可以通过顶部菜单"布局 > 栅格和辅助线 > 底层显示辅助线"命令来实现，如图 1.57 所示。也可以选中辅助线，右击，在弹出的快捷菜单中选择"栅格和辅助线 > 底层显示辅助线"命令，将辅助线显示在底层，如图 1.58 所示。

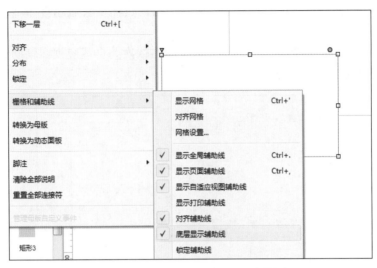

图 1.57　顶部菜单实现底层显示辅助线

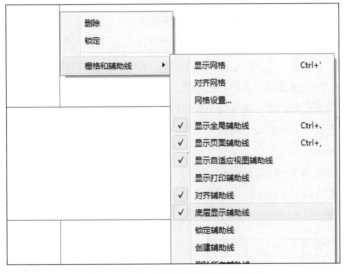

图 1.58　右击实现底层显示辅助线

Axure 中辅助线共有 4 种：全局辅助线、页面辅助线、自适应视图辅助线、打印辅助线。

➤ 全局辅助线：作用于项目所有页面中的辅助线，创建时将鼠标指针移动到标尺上，按下 Ctrl 键，同时按下鼠标左键，向操作区拖动，松开鼠标就得到了一条全局辅助线。全局辅助线在项目中显示时默认为紫红色。

➤ 页面辅助线：将鼠标指针移动到标尺上，按下鼠标左键，向操作区拖动，松开鼠标就得到了一条页面辅助线。页面辅助线只作用于当前页面，在项目中显示时默认为青色。

➤ 自适应视图辅助线：自适应视图辅助线只有在用户设置了自适应视图之后才显示，自适应视图辅助线在项目中显示时默认为深紫色。

➤ 打印辅助线：当用户设置了纸张尺寸后，页面中会显示打印辅助线，默认为灰色。

如图 1.59 所示，4 类辅助线的样式从左向右依次为自适应视图辅助线、页面辅助线、全局辅助线、打印辅助线。

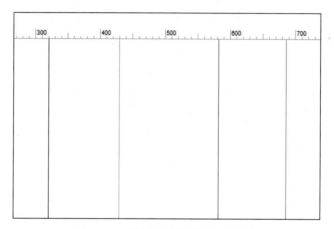

图 1.59　4 类辅助线的默认显示样式

➤ 快速创建辅助线：辅助线的创建可以通过拖动完成，但是手工创建的辅助线精度不够高，需要大量的辅助线时创建比较麻烦，容易出错。这时需要用到"创建辅助线"命令来精准、快速地创建辅助线。

在页面中选择"布局 > 栅格和辅助线 > 创建辅助线"命令，或右击，在弹出的快捷菜单中选择"栅格和辅助线 > 创建辅助线"命令，调出"创建辅助线"对话框，如图 1.60 所示。

Axure 默认提供 4 种辅助线的预设：960 行 12 列辅助线、960 行 16 列辅助线、1200 行 12 列辅助线、1200 行 15 列辅助线。默认选中"创建为全局辅助线"复选框，如图 1.61 所示。

图 1.60　"创建辅助线"对话框

图 1.61　默认的辅助线预设

如果预设没有满意的方案，也可以自定义辅助线创建方案，如图 1.62 所示。

图 1.62　辅助线的自定义创建

设置后，单击"确定"按钮完成设置，关闭对话框。最终创建的辅助线样式如图 1.63 所示。

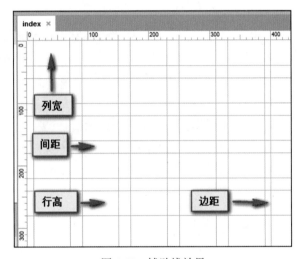

图 1.63　辅助线效果

➢ 辅助线的删除：用户可以单击选中辅助线，按 Delete 键删除单个辅助线，也可以将辅助线拖回标尺进行删除。如果要删除所有辅助线，可以通过在顶部导航栏选择"布局＞栅格和辅助线＞删除所有辅助线"命令删除项目中的所有辅助线，或者右击，在弹出的快捷菜单中选择"栅格和辅助线＞删除所有辅助线"命令删除辅助线，如图 1.64 所示。

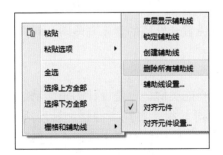

图 1.64　删除辅助线

➢ 锁定辅助线：更多时候为了避免误操作造成辅助线错误移动，可以将辅助线进行锁定。可以通过顶部导航栏"布局 > 栅格和辅助线 > 锁定辅助线"命令锁定项目中所有的辅助线，也可以通过右击，在弹出的快捷菜单中选择"栅格和辅助线 > 锁定辅助线"命令，锁定辅助线，如图 1.65 所示。

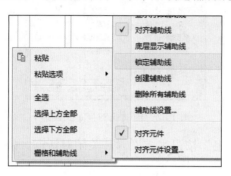

图 1.65　锁定辅助线

➢ 辅助线设置：Axure 允许用户对辅助线进行设置，可以通过在顶部导航栏选择"布局 > 栅格和辅助线 > 辅助线设置"命令，或者右击，在弹出的快捷菜单中选择"栅格和辅助线 > 辅助线设置"命令，调出"网格设置"对话框，如图 1.66 所示。

图 1.66　辅助线设置

在此对话框中，可以设置辅助线的显示与隐藏，对齐和是否底层显示。也可以自定义辅助线的颜色，如图 1.67 所示。

（4）网格功能

网格功能与辅助线的功能类似，也是设计的辅助功能，主要是为了使元件整齐和结构化。可以通过顶部导航栏"布局 > 栅格和辅助线 > 显示网格"命令显示网格。也可以通过右击，在弹出的快捷菜单中选择"栅格和辅助线 > 显示网格"命令显示网格。网格显示时样式如图 1.68 所示。

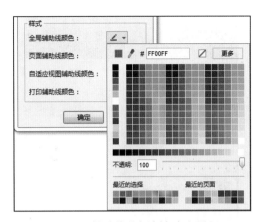

图 1.67　辅助线的颜色自定义设置

网格的位置同样可以进行设置，可以通过在顶部导航栏选择"布局 > 栅格和辅助线 > 网格设置"命令，或者右击，在弹出的快捷菜单中选择"栅格和辅助线 > 网格设置"命令，调出"网格设置"对话框，如图 1.69 所示。

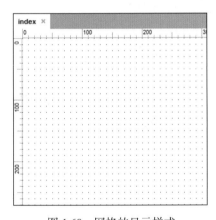

图 1.68　网格的显示样式

图 1.69　"网格设置"对话框

在此对话框中，可以设置网格是否显示、元件是否对齐到网格、网格的间距、网格的样式和颜色。

技能训练

实战案例 1：制作聊天界面

需求描述

制作聊天界面原型，如图 1.70 所示。

图 1.70　案例 1 效果图

➤ 使用图片元件。

➤ 使用文字元件。

➤ 标题栏，字体大小为 16 像素，颜色值为 #ffffff。电量条的颜色为蓝色。

➤ 除给定素材外，不用其他自带元件之外的元件。

➤ 与原图片保持一致。

实现思路

实现过程中，头像是用图片元件完成的，先改变图片的圆角，再插入素材。其他元件都可以在图标库中找到，但需要调节大小及角度。

根据理论课讲解的技能知识，完成如图 1.70 所示的案例效果，应从以下几点予以考虑：

➤ 如何改变图片的圆角？

➤ 如何进行文本排版和复制？

➤ 如何为文字去掉底色及更换颜色？

实战案例 2：手绘原型图

需求描述

制作微信页面的手绘原型图。

➢ 制作主要的 4 个页面。

➢ 精细到能 1:1 还原。

➢ 不要求颜色。

➢ 包含图标，要求清晰细致。

➢ 基本达到如图 1.71 所示水平。

图 1.71　手绘原型效果图

本 章 总 结

➢ 原型图是将页面元素、模块用人机交互的形式，以线框描述的方法对产品进行表达，是最终产品的模型或模拟。

➢ 一个优秀的原型制作软件必须具备 5 个条件：支持演示；可扩展组件库；可以快速生成全局流程；多人在线协作；对手势操作、转场动画、交互特效的支持。

➢ Axure 界面共分为 7 个区域：主菜单工具栏；站点地图；Axure 元件库；母版管理；主操作界面；元件属性样式；动态面板操作区。

➢ 动态面板有不同的状态，用来实现不同的效果。

➢ 元件库可以加载或删除，元件可以做出复杂的样式，满足高保真原型的制作需求。

▶ 第 2 章

Axure基础元件

本章简介

　　Axure 的基础元件包括图片元件、文本元件、矩形元件、垂直线和水平线等。动态面板是 Axure 软件的核心功能，有交互好、运用灵活方便的特性。本章通过图标案例复习基础元件的使用，通过微信启动案例的制作过程讲解动态面板状态的使用及原型制作中应注意的事项，通过页面切换案例讲解母版使用知识，同时通过对基础元件的大量操作，提高使用的熟练度，做到运用自如。

　　本章将重点讲解 Axure 8.0 的动态面板可见性和动态面板状态的重要作用。

本章工作任务

　　学习 Axure 软件图片元件、文本元件、矩形元件、垂直线和水平线、鼠标单击事件、动态面板状态的使用。

本章技能目标

* 动态面板的显示与隐藏。
* 动态面板状态的切换。
* 原型图的规范制作。

预习作业

1. 概念理解

请在预习时找出下列名词在教材中的解释，了解它们的含义，并填写于横线处。

热区 _____

2. 预习并回答以下问题

（1）动态面板可以有多少种状态？如何为状态命名？

（2）如何设置动态面板的可见性？

（3）简要描述动态面板的层级关系。

（4）简要描述页面跳转的步骤。

2.1 应用基础元件实现简单图标

本案例主要应用到页面属性和样式，在页面属性和样式中可以修改页面排列，设置背景色或背景图片来修改元件属性，添加说明。

完成效果

相机图标的整体样式，如图 2.1 所示。

图 2.1 相机图标

技能分析

图标制作并不是 Axure 软件的主要功能，本案例主要用于熟悉元件的操作，来复习矩形元件的变形和基本样式。

实现步骤与讲解

步骤 1：机身制作

拖入白色矩形元件到操作区，命名为"机身"，设置宽高为 270×270，并设置圆角值、投影、填充，其中填充类型为渐变。设置渐变开始和结束的颜色（选中颜色指示浮标就可以更换对应位置的颜色），设置渐变角度为 90（即垂直方向的渐变）。渐变色值、阴影数值如图 2.2 所示。

步骤 2：镜头底制作

再拖入白色矩形元件，命名为"镜头底"，设置宽高为 170×170，单击元件右上角的灰色小圆点，选择圆形模式（或设置比较大的圆角值直到矩形变为圆形）；填充类型选择为单色，颜色值为 #F2F2F2；设置投影，如图 2.3 所示，投影

颜色为 #000000，不透明值为 15%。在投影样式面板设置内阴影，内阴影颜色值为 #FFFFFF，不透明值为 100。

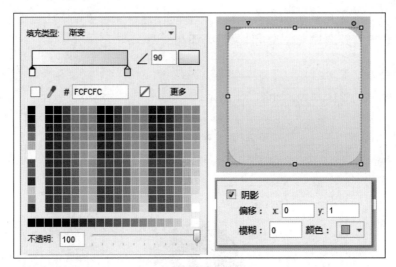

图 2.2　设置图标底色

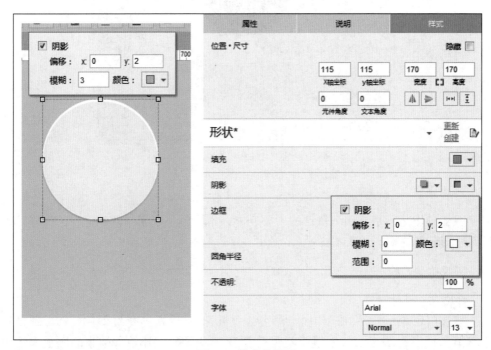

图 2.3　样式的设置

步骤 3：层次感制作

制作两个圆形，分别调整大小为 130×130、90×90，用于制作镜头的层次感，分别为圆形填充颜色值为 #536383 和 #293448；为防止混乱，完成后按住 Shift 键选择 4 个圆角矩形，使用快捷键 Ctrl+G 为其编组，命名为"镜头层次"，如图 2.4 所示。

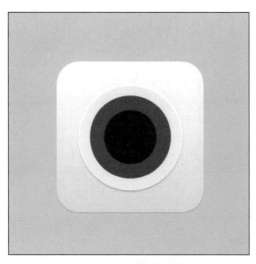

图 2.4　制作镜头的层次感

步骤 4：镜头高光制作

再绘制两个圆形，设置第一个渐变填充，颜色值依次为 #FFFFFF（不透明值为 100）、#0099FF（不透明值为 11）、#00CCFF（不透明值为 0）；设置第二个渐变填充，颜色值依次为 #0099FF（不透明值为 100）、#0099FF（不透明值为 11）、#00CCFF（不透明值为 0）；设置距离及角度值（如图 2.5 所示）。完成后按住 Shift 键选择 4 个圆角矩形，使用快捷键 Ctrl+G 为其编组，命名为"镜片"。

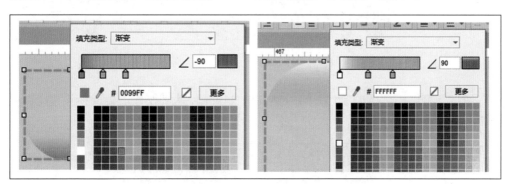

图 2.5　镜头的层次感参数设置

步骤 5：闪光灯与红眼去除灯制作

为相机做闪光灯及红眼去除灯。闪光灯由 3 个小的圆角矩形和一个大的圆角矩形组成，大矩形为单色填充 #B0D6ED，圆角为 5 像素，小矩形为单色填充 #FFFFFF，圆角为 3 像素。完成后按住 Shift 键选择 4 个圆角矩形，使用快捷键 Ctrl+G 为其编组，命名为"闪光灯"。整体效果如图 2.6 所示。

去除红眼灯由一个带有红色描边和渐变的圆形组成。渐变数值依次为 #FE6F65（不透明值为 100）、#FE4C40（不透明值为 100）、# FFDFDB（不透明值为 100），角度为 -90°，设置距离，如图 2.7 所示。

经过以上 5 步，相机图标就完成了。

图 2.6　闪光灯的制作

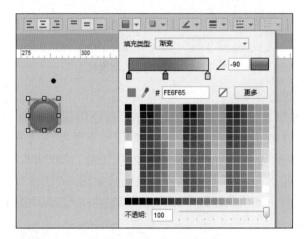

图 2.7　去除红眼灯的数值

示例

通过相机图标案例的制作，可以熟练地掌握元件基础操作，尝试独立完成扁平风格插画，如图 2.8 所示。

图 2.8　扁平风格插画

步骤分析：

➢ 使用矩形元件制作雪人。

➢ 使用自定义形状及形状的复制制作积雪。

➢ 使用钢笔工具制作地面、山体形态效果。

➢ 使用矩形元件制作雪花，注意分层次制作和散布状态。

➢ 注意远近景物的颜色关系。

知识回顾总结

相机图标的小案例主要用到了矩形元件的样式，通过对形状的样式变化完成图标的制作。其中需要注意每个图形的层级关系。Axure 软件同 Photoshop 软件一样，也存在图层层级关系问题，如果层级关系错误，图形将会被遮挡。

2.2　应用动态面板实现微信的启动与页面切换

本案例通过对动态面板元件的应用，实现微信启动及页面的切换。动态面板是Axure 软件的核心元件，可以通过设置动态面板的多个状态来实现其他元件不能实现的动态效果。动态面板可以通过快捷菜单设置为隐藏。

完成效果

整体交互共有 3 个功能点：单击图标弹出启动页；启动页短暂停留后消失，出现微信页面；单击底部按钮页面跳转。完成效果如图 2.9 所示。

图 2.9　微信的启动过程及页面跳转

技能分析

本案例的主要技术点：

➢ 单击微信图标实现手机页面的消失和启动页的出现。

➢ 启动页面的停留。

➢ 微信页面的跳转。

动态面板有多种状态，可以设置面板可见性的变化。现在运用动态面板状态切换配合单击事件、面板的等待来完成本案例。

实现步骤与讲解

本案例提供的素材有手机模板、微信图标、启动页面、各种页面 icon、聊天头像。本案例将用这些素材来完成页面的搭建，并应用 Axure 软件本身带有的交互效果完成最终案例。素材分类如图 2.10 所示。

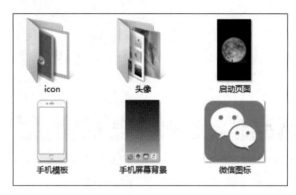

图 2.10　素材

步骤 1：页面逻辑的搭建

将准备的手机模板、手机屏幕背景、微信图标和启动页素材拖入操作区，将页面按从左到右方式排列。对启动页面进行编组，右击转换为动态面板，命名为"启动图标"；右击启动页，转换为动态面板，命名为"启动页"；新建矩形，设置宽高为375×667，右击矩形转换为动态面板，并命名为"页面"。页面内容如图 2.11 所示。

图 2.11　页面逻辑搭建

步骤 2：制作微信页面

运用案例素材搭建微信页面，页面共 4 个，分别为聊天列表页面，即"微信"页面（如图 2.12 所示），"通讯录"页面（如图 2.13 所示），"发现"页面（如图 2.14

所示），"我"页面（如图 2.15 所示）。本案例以"微信"页面为例，讲解页面的基础搭建和注意事项。

图 2.12　"微信"页面

图 2.13　"通讯录"页面

图 2.14　"发现"页面

图 2.15　"我"页面

（1）双击动态面板"页面"，或右击动态面板"页面"，在弹出的快捷菜单中选择"管理动态面板状态"命令，弹出"面板状态管理"对话框。单击对话框中的 + 图标，为动态面板添加 4 个状态页面，分别命名为"聊天列表""通讯录""发现""我"，如图 2.16 所示。

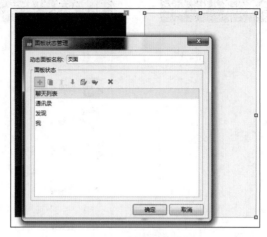

图 2.16　添加面板状态

（2）双击"聊天列表"进入聊天列表状态页面，此时页面中已存在一个宽高与动态面板宽高相同的矩形（其他状态页面不存在矩形，为空白页面，需要手动添加），为矩形元件添加值为 # E4E4E4 的颜色，如图 2.17 所示。

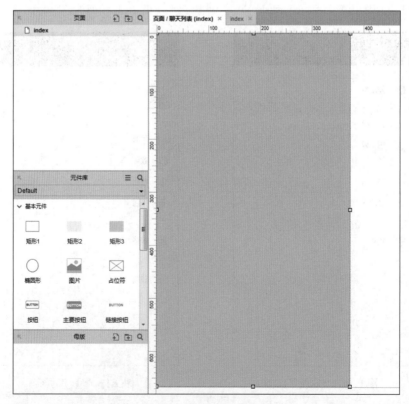

图 2.17　制作页面背景色

（3）向操作区拖入矩形元件，作为顶部背景色。设置宽高为 375×64，填充颜色 #000000，放置于背景层上方。拖入电量条素材，设置宽高为 375×20，放置于黑色矩形元件上方。添加单行文字元件，设置为"微信"，字号设置为 18，字体颜色为 #FFFFFF，居中显示。添加"更多"按钮素材，设置大小为 34×34，位置如图 2.18 所示。

（4）制作微信搜索栏。拖入矩形元件，作为背景色，设置宽高为 375×35，填充颜色 #E4E4E4。再次向操作区拖入矩形元件，作为搜索栏。设置宽高为 352×25，圆角为 4，填充颜色 #FFFFFF。

拖入图标元件组中 neuter 图标，改变方向，设置宽高为 17×17。添加文字"搜索"，添加 microphone 图标，设置宽高为 17×17，填充颜色 #C5C5C5。整体效果如图 2.19 所示。

（5）制作消息列表。添加头像，设置宽高为 50×50；添加文字作为昵称，字号为 18，字体颜色值为 #333333；添加文字作为聊天内容，字号为 14，字体颜色的值为 #999999；添加文字作为时间戳，字号为 10，字体颜色的值为 #bbbbbb，在下方添加水平线，将元件编组；制作多条聊天消息，完成列表制作。列表效果如图 2.20 所示。

图 2.20　消息列表效果

图 2.18　顶部元件位置及效果

图 2.19　搜索栏效果

（6）制作底部菜单栏。添加矩形元件，设置宽高为 375×50，填充颜色 #FFFFFF。放置图标，设置大小为 30×30（当前页面图标为绿色，在其他页面为灰色。例如，聊天列表中消息图标为绿色，在其他页面中为灰色），添加文字，字号为 10 号，字体颜色值为 #09BB07。底部菜单效果如图 2.21 所示。

图 2.21　菜单栏

用同样的方式制作其他 3 个页面。

步骤 3：更改动态面板的可见性

右击动态面板"启动页"，在弹出的快捷菜单中选择"设为隐藏"命令将其隐藏。同样设置动态面板"页面"隐藏，如图 2.22 所示。

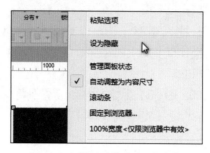

图 2.22　设置动态面板为隐藏

步骤 4：添加交互

双击动态面板"图标"，进入动态面板内部。为微信图标添加点击时交互事件。分析微信的启动过程：

（1）点击图标逐渐出现启动页面。

（2）启动页面停留。

（3）启动页面逐渐隐藏。

（4）页面出现。

制作交互过程的操作如下。

（1）选择"鼠标单击时"选项，弹出"用例编辑 < 鼠标单击时 >"对话框。

（2）选择"元件 > 显示 / 隐藏"命令，选中"启动页（动态面板）"复选框，设置可见性为"显示"，动画为"逐渐"，时间为 1000ms，如图 2.23 所示。

图 2.23　启动页显示

（3）选择"其他 > 等待"命令，设置等待时间为 3000ms，如图 2.24 所示。

图 2.24　启动页等待

（4）选择"元件 > 显示 / 隐藏"命令，选中"启动页（动态面板）"复选框，设置可见性为"隐藏"，动画为"逐渐"，时间为 100ms，如图 2.25 所示。

图 2.25　启动页隐藏

（5）选择"元件 > 显示 / 隐藏"命令，选中"页面（动态面板）"复选框，设置可见性为"显示"，动画为"逐渐"，时间为 300ms，如图 2.26 所示。

图 2.26　页面的显示

（6）选择"元件 > 显示 / 隐藏"命令，选中"图标（动态面板）"复选框，设置可见性为"隐藏"（此步骤是为防止页面效果发生问题而设置的，可以跳过此步骤），如图 2.27 所示。

图 2.27　图标（动态面板）隐藏

整体步骤如图 2.28 "鼠标单击时"选项的 Case1 所示。

步骤 5：设置面板的顺序

从底部到上层的动态面板顺序为图标、启动页、页面。各面板位置相同，如图 2.29

所示。

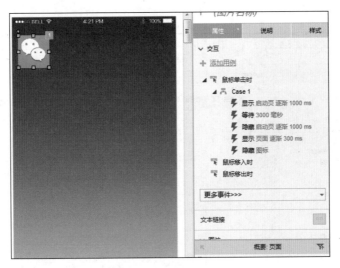

图 2.28　交互整体步骤

图 2.29　动态面板的顺序

步骤 6：为页面添加跳转

为底部菜单栏添加 4 个热区，设置热区大小为 92×50，分别命名为"聊天列表""通讯录""发现""我"。双击属性栏中的"鼠标单击时"添加交互事件。

（1）设置"聊天列表"热区的交互事件：设置页面动态面板，选择状态为"聊天列表",进入动画为"逐渐",时间为 100ms,退出动画为"逐渐",时间为 100ms,如图 2.30 所示。

图 2.30 "聊天列表"热区交互设置

(2)设置"通讯录"热区的交互事件:设置页面动态面板,选择状态为"通讯录",进入动画为"逐渐",时间为 100ms,退出动画为"逐渐",时间为 100ms,如图 2.31 所示。

图 2.31 "通讯录"热区交互设置

(3)设置"发现"热区的交互事件:设置页面动态面板选择状态为"发现",

进入动画为"逐渐"，时间为100ms，退出动画为"逐渐"，时间为100ms，如图2.32所示。

图2.32 "发现"热区交互设置

（4）设置"我"热区的交互事件：设置页面动态面板，选择状态为"我"，进入动画为"逐渐"，时间为100ms，退出动画为"逐渐"，时间为100ms，如图2.33所示。

图2.33 "我"热区交互设置

步骤7：效果预览和发布

直接预览的快捷键为F5，默认使用当前的默认浏览器作为原型展示的浏览器。

预览选项快捷键设置为 Ctrl+F5，可选择要发布的浏览器，预览时是否对工具栏进行设置，"预览选项"对话框如图 2.34 所示，单击"预览"按钮即可进行效果预览。

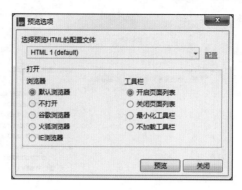

图 2.34　预览设置

Axure 软件为方便查看原型图，可将原型图生成为 HTML 文件，快捷键为 F8。可对生成文件的参数进行设置，如图 2.35 所示。

图 2.35　生成 HTML 设置

如图 2.35 所示，在"标志"选项栏中，导入标志图片和说明文字，即可在原型图中显示项目图标和说明文字，如图 2.36 所示。

示例

完成微信扫一扫功能，实现扫码条的动态效果。最终页面如图 2.37 所示。

步骤分析：

➢ 制作基础静态页面：更多按钮弹窗，扫码页面。

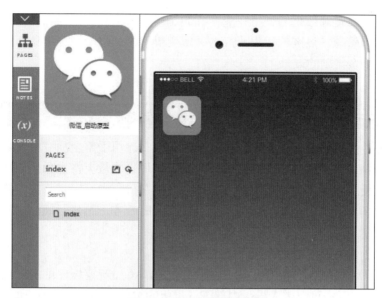

图 2.36　页面标志和说明

图 2.37　扫一扫效果实现

> ➢ 运用动态面板的状态切换，实现弹窗的出现、隐藏及页面跳转。
> ➢ 用动态面板制作扫码框，运用页面切换动画配合两个页面状态的切换，实现扫码动态效果。
> ➢ 返回聊天列表的效果实现。

知识回顾总结

微信启动的案例主要用到了动态面板的状态切换和等待事件，通过多个动态面板的配合使用及动画效果的支持完成图标的制作。其中应注意动态面板的顺序和动态面板状态的管理。热区的运用使点击区域变得不再局限于图标本身，配合动态面板可以实现很多特别的效果。

2.3　应用母版实现页面切换

母版元件是 Axure 软件中一个很重要的元件，适用于整个项目中大量重复使用的情况。例如，页头、页脚、导航、广告位等。母版的最大特点和优势在于可以在任意页面中使用，不需要每次都重复制作，而且在母版中可以进行统一的修改和管理，修改后所有页面中使用的相同的母版都会同时改变，节省时间，提高效率。项目中同时可使用多个母版，并无限制和干扰。

母版的创建有以下两种方式。

> 在母版窗口右上角单击母版添加按钮，添加新模板，单击可以为新模板命名，双击可以进入母版内部进行母版的编辑，如图 2.38 所示。

图 2.38　母版的新增

> 在操作区选中想要转换为模板的元件，右击转换为母版。在弹出的对话框中可以为新模板命名，选择拖放行为，如图 2.39 所示。

图 2.39　模板转化对话框

母版的拖放行为有 3 种。

> 任意位置：当拖动母版到操作区时，可以将母版放置于任何位置，不受限制。
> 固定位置：当拖动母版到操作区时，母版会被自动锁定到当前的母版内容所在位置。

➢ 脱离母版：当拖动母版到操作区时，该元素会与母版脱离关系，转变成可编辑的元件。

3 种不同行为的母版的缩略图样式如图 2.40 所示。

模板的 3 种拖动行为可以通过快捷菜单拖放行为互相转化，如图 2.41 所示。

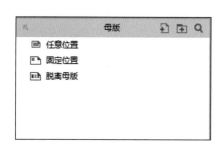

图 2.40　3 种不同拖放行为的母版缩略图

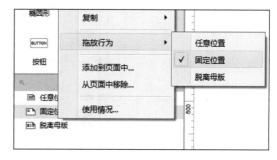

图 2.41　母版拖放行为的转换

母版管理区中未在项目中使用的母版可以直接删除，但使用中的母版不能直接被删除。如果要删除母版，必须保证此母版未在项目中使用。在操作区中可以使用 Delete 键删除正在使用的母版。右击母版管理区中的母版，在弹出的快捷菜单中选择"添加到页面中"或"从页面中移除"命令，在弹出的对话框中可以对母版进行批量添加或删除（说明：此操作无法撤销），如图 2.42 所示。

图 2.42　母版的批量添加或删除

为方便识别，在页面中使用母版时，母版显示为粉色。可以通过顶部菜单选择"视图>遮罩"命令，取消显示的粉色遮罩层，同样可以取消颜色的还有隐藏对象、动态面板、中继器、文本链接、热区。

完成效果

单击底栏的相关图标时可以切换页面，完成效果如图 2.43 所示。

图 2.43　母版实现页面跳转

技能分析

本案例的主要技术点在于：单击底部图标实现手机页面切换。应用母版实现母版外部控制动态面板状态。

实现步骤与讲解

步骤 1：制作微信基础页面

基础页面的搭建方式与案例"应用动态面板实现微信的启动与页面切换"的页面制作步骤 2 相同。但是不包含底部栏，整体页面由一个包含"聊天列表""通讯录""发现""我"的动态面板"页面"构成。

步骤 2：母版"底栏"的制作

应用 4 个动态面板制作底栏，每个动态面板包含一个绿色选中状态和一个灰色未选中状态。以"聊天列表"按钮为例，向操作区拖入矩形元件，设置宽高为93×50，填充颜色 #FFFFFF。向操作区拖入灰色图标素材，设置宽高为29×29。拖入矩形元件，设置宽高为27×16，不填充颜色，输入文字"微信"，文字大小为13，字体颜色为 #797979。选中 3 个元件，右击转换为动态面板，命名为"微信"。部件样式如图 2.44 所示。

双击动态面板"微信"，添加状态 2，用于制作选中状态。向操作区拖入矩形元件，设置宽高为93×50，填充颜色 #FFFFFF。向操作区拖入绿色图标素材，设置宽高为29×29。拖入矩形元件，设置宽高为27×16，不填充颜色。输入文字"微信"，文字大小为13，字体颜色为 #00CC00。由于微信默认选中聊天列表页面，设置状态 2 在顶层。部件样式如图 2.45 所示。

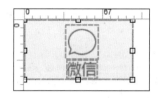

图 2.44 动态面板"微信"状态 1 的制作

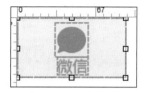

图 2.45 动态面板"微信"状态 2 的制作

将制作好的 4 个动态面板选中，右击转换为母版，命名为"底栏"。母版样式如图 2.46 所示。

图 2.46 母版"底栏"的样式

步骤 3：母版的交互制作

以微信按钮为例，双击母版"底栏"进入模板内部，设置动态面板"微信"的鼠标单击时事件：设置动态面板"微信"为状态 2，动态面板"通讯录"为状态 1，动态面板"发现"为状态 1，动态面板"我"为状态 1，如图 2.47 所示。

图 2.47 动态面板"微信"的鼠标单击时状态设置

选择"其他 > 自定义事件"命令于底栏，为动态面板添加动作。单击绿色新增加按钮，添加 4 个自定义事件，分别命名为 weixin、tongxunlu、faxian、wo。命名时必须为英文或数字，不能使用中文字符，也不能包含空格。选中 weinxin 事件，如图 2.48 所示。

以同样的方法，为其他 3 个动态面板添加鼠标单击时交互事件，并选择对应的自定义事件。回到页面中，拖入母版底栏到页面中，如图 2.49 所示。

图 2.48　添加母版的自定义事件

图 2.49　母版的位置

　　选中母版，添加交互事件。weixin：设置动态面板"页面"为微信状态；tongxunlu：设置动态面板"页面"为通讯录状态；faxian：设置动态面板"页面"为发现状态；wo：设置动态面板"页面"为我状态，如图 2.50 所示。

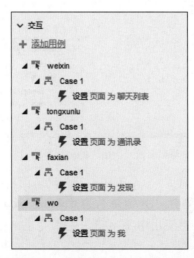

图 2.50　母版自定义事件交互设置

通过以上 3 个步骤，本案例的制作就结束了，要注意如果用母版控制页面中的其他元件，应先设置自定义事件，不能直接添加用例。

知识回顾总结

在母版内部控制外部元件的方式：先在母版内部对元件选定触发方式，添加自定义事件，然后在页面中添加母版。最后设置事件的交互行为。

技能训练

实战案例 1：使用动态面板状态切换实现吃豆人效果

需求描述

制作吃豆人动画效果，内容样式如图 2.51 所示。

➢ 自定义形状的使用。
➢ 动态面板状态的切换。
➢ 吃豆人颜色为 #FFFF00，豆子颜色为 #FFFF00。
➢ 页面载入时事件。

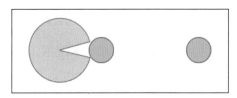

图 2.51 吃豆人效果图

实现思路

实现时，吃豆人的动画效果要拆分为 4 个画面：闭嘴、微张（准备吃小球）、大张（小球在嘴里）、空嘴（嘴里无小球，准备闭嘴）。小球的位置是向前的，保持一条直线。

根据讲解的技能知识，完成如图 2.51 所示案例效果，应从以下几点予以考虑。

基础画面的制作：

➢ 张嘴过程的拆分。
➢ 小球位置的变化。

页面载入时事件：

➢ 是否要添加首次状态延时？
➢ 间隔时间的设置。
➢ 是否有动画？

实战案例 2：使用动态面板状态实现轮播图效果

需求描述

制作轮播图效果，内容样式如图 2.52 所示。

➤ 实现页面的切换，切换时间为 3000ms。

➤ 实现鼠标在画面中停留时停止轮播。

➤ 实现鼠标离开轮播图时继续轮播。

图 2.52　图片轮播效果图

实现思路

实现中，图片轮播共 4 张，动画效果为向左滑动。鼠标的事件分为鼠标移入与鼠标移出。移入时停止滑动，移出时开始滑动。

根据讲解的技能知识，完成如图 2.52 所示案例效果，应从以下几点予以考虑。

动态面板的切换：

➤ 是否要添加首次状态延时？

➤ 动画选择哪种方式？

如何实现鼠标移入画面中时轮播停止，离开时继续轮播？

➤ 鼠标指针移入时动态面板的状态设置。

➤ 鼠标指针移出时动态面板的状态设置。

实战案例 3：使用母版实现页面导航

需求描述

制作页面导航，内容样式如图 2.53 所示。

➤ 使用母版制作导航条。

➤ 单击导航按钮，跳转至相关的模块。

logo		首页	产品	案例	新闻中心	关于

首页

图 2.53　页面导航效果图

实现思路

应用母版实现页面导航，页面由导航区（母版）和内容区（动态面板）组成，
5 个按钮对应内容区的 5 个状态。

根据讲解的技能知识，完成如图 2.53 所示案例效果，应从以下几点予以考虑。

导航的制作：

➢ 如何制作导航的基础样式？

➢ 如何设置母版外的动态面板状态控制？

内容区的制作：

➢ 如何添加动态面板的状态？

➢ 如何为状态命名并设置状态的内容？

本 章 总 结

➢ 动态面板的可见和隐藏，是使用几率非常高的动态面板操作，注意配合动
画效果使用。

➢ 热区，是一片不可见的透明层，可以放置在任何位置区域上对热区部件添
加交互。热区扩展了原型的操作区，使对图标文字等元件的操作不再局限
于元件本身。

➢ 等待事件可以使某个页面在一段时间内保持一个状态。

➢ 动态面板的状态循环可以实现轮播图的效果。

➢ 母版可以实现页面的切换，减少大量重复的复制和粘贴，用来制作页面中
重复的模块非常的方便。

▶ 第 3 章

使用Axure实现屏幕解锁

本章简介

在原型图中，通过动态面板的位置移动和条件判断，可以完成丰富的交互效果。本章通过完成手机界面解锁效果，学习动态面板的拖动和滑动事件。配合等待事件及条件判断，完成对动态面板位置移动的学习。

本章将重点讲解动态面板的位置移动和条件判断。

本章工作任务

学习动态面板的拖动 / 滑动事件、等待事件及条件判断。

本章技能目标

* 掌握动态面板的拖动和滑动事件。
* 掌握条件判断。
* 掌握等待事件的运用。

预习作业

1. 概念理解

请在预习时找出下列名词在教材中的用法，了解它们的含义，并填写于横线处。

（1）相对位置 _____

（2）绝对位置 _____

（3）全局变量 _____

（4）内联框架 _____

2. 预习并回答以下问题

（1）内联框架是什么？有什么作用？

（2）如何添加判断条件？

（3）简要描述相对位置和绝对位置的区别。

（4）简要描述全局变量的使用步骤。

3.1 滑屏解锁案例

完成效果

按住解锁滑块向右拖动，如果拖动结束并松开时，滑块与解锁图标接触重合，页面解锁则成功，然后跳转至解锁后页面。如果未重合，则弹回初始位置。页面内容完成效果如图 3.1 所示。

图 3.1　滑屏解锁

技能分析

动态面板的拖动事件与元件位置的判断结合。

实现步骤与讲解

步骤 1：基础页面搭建

使用所提供的素材（如图 3.2 所示）制作基础页面。将手机模板拖入操作区，设置宽高为 330×670。拖入动态面板元件，放置于手机模板上，命名为"屏幕"，设置宽高为 300×530。双击动态面板，弹出面板状态管理页面。添加新状态分别命名为"解锁前""解锁后"。

在状态"解锁前"页面中，制作"解锁前"页面样式，如图 3.3 所示。

在状态"解锁后"页面中，制作"解锁后"页面样式，如图 3.4 所示。

图 3.2   案例素材

图 3.3   "解锁前"页面

图 3.4   "解锁后"页面

步骤 2：添加交互事件

进入解锁前状态页，添加热区，命名为"解锁"（热区位置如图 3.5 所示）。将
锁图片转化为动态面板，命名为"滑块"。添加动态面板拖动时交互事件，设置滑块
水平拖动，动画效果无。设置边界左侧大于 40，右侧小于等于 244，如图 3.6 所示。

图 3.5   热区的位置

图 3.6　动态面板拖动时交互

添加拖动结束时交互事件。设置条件"滑块碰触热区"（设置过程详见下文"条件的添加过程"），设置动态面板"屏幕"的状态为"解锁后"，如图 3.7 所示。

图 3.7　滑块接触热区时效果

设置条件"滑块未碰触热区"，设置滑块的位置为（40,385），动画为弹性，时间为 200ms，如图 3.8 所示。

条件的添加过程：单击用例编辑器上部的"添加条件"按钮，弹出"条件设立"对话框，如图 3.9 所示。

在"面板状态"下拉列表框中选择"元件范围"，如图 3.10 所示。

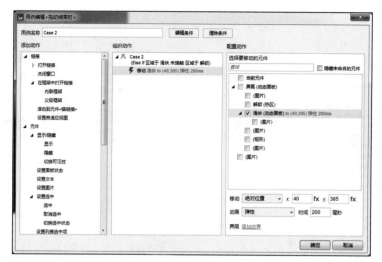

图 3.8　滑块未接触热区时效果

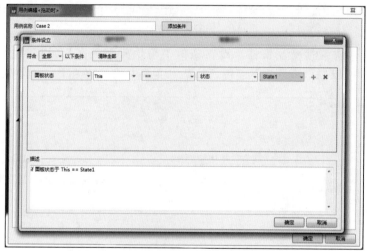

图 3.9　"条件设立"对话框

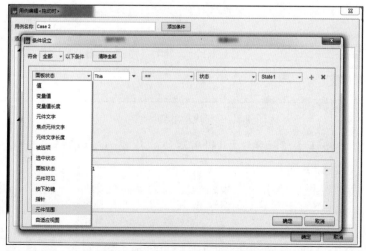

图 3.10　"面板状态"下拉列表

在 This 下拉列表框（This 代表当前元件，即添加条件的元件）中选择"滑块（动态面板）"，如图 3.11 所示。

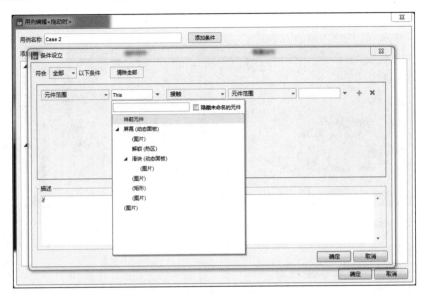

图 3.11　元件的选择

元件范围有两个行为：接触和未接触。本案例选择"接触"。要接触的元件范围选择"解锁（热区）"，如图 3.12 所示。

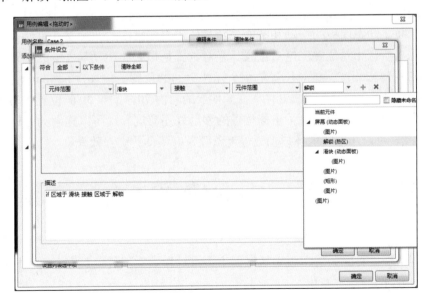

图 3.12　选择被接触的元件

通过以上两个步骤完成案例的制作。在默认浏览器中可预览原型效果，快捷键为 F5。按下快捷键，预览案例，查看最终效果。

示例

通过滑屏解锁案例，学习了动态面板拖动和判断条件的添加。接下来试着使用所学知识完成下面的案例。

要求：拖动黄色滑块，使出租车移动，到达人物位置。如果拖动结束时出租车未到达人物位置，人物说"加油"。达到人物位置，人物说"谢谢"。页面样式如图 3.13 所示。

图 3.13　等待出租车

步骤分析：

➢ 运用素材制作基础画面。

➢ 运用动态面板拖动，使出租车动起来。

➢ 添加判断条件显示不同的结果。

知识回顾总结

滑动解锁案例中，主要应用的知识点包括动态面板的拖动、元件位置的变化、条件的判断。动态面板的拖动和条件判断是使用概率很高的两种交互事件。元件位置的变化要注意相对位置和绝对位置。绝对位置是指元件在显示器中的位置，如同地球上的经度和纬度。相对位置是两个元件之间的位置，例如，元件 a 对于元件 b 的相对位置是（70,30），代表元件 a 在元件 b 的右侧 70，下方 30 的位置，与显示器无关。在元件的移动中，除了坐标位置的移动外还有旋转（可以理解为元件角度的变化）。旋转可以用来实现环形加载进度条等带有滚动的交互效果。

3.2　九宫格加锁解锁案例

完成效果

案例实现后可以为屏幕设定解锁图案，滑动图案实现屏幕解锁。页面样式效果如图 3.14 所示。

技能分析

本案例的技术点：

➢ 设定解锁图案时，光标滑动形成图案后，记录所经过的元件。

➢ 解锁时将光标滑动形成图案与原图案做对比。

➢ 图案相同，切换动态面板状态解锁。

➤ 图案不同时，给出提示，可以重新滑动解锁。

图 3.14　九宫格解锁

实现步骤与讲解

整体交互流程：

页面加载时在屏幕上出现提示文字（文本元件）"绘制解锁图案"，可绘制锁屏图案。在绘制中，滑过相应的圆点时，相应圆点显示为选中状态。当绘制完成指针抬起时，出现提示"确认保存绘制图案"。单击"是"，弹屏提示消失，进入解锁画面，在屏幕上出现提示文字"绘制图案解锁"。单击"否"，弹屏消失，按钮选中状态消失，可以重新绘制锁屏图案。绘制解锁图案时，图案正确时进入解锁后页面，图案错误时，屏幕上出现提示文字"图案错误"，圆点选中状态消失，一秒钟后提示文字变换为"绘制图案解锁"，可以重新绘制图案。

步骤 1：基础页面的搭建

将手机模板拖入操作区，设置宽高为 390×800。拖入内联框架，放置于手机模板上方。设置宽高为 360×640，命名为"屏幕"。双击内联框架，设置连接属性Page 1，如图 3.15 所示。

在 Page 1 中拖入动态面板，设置宽高为 360×640，命名为"页面"。双击动态面板，在状态管理页面中新增面板动态。将两个动态分别命名为"解锁前"和"解锁后"。进入解锁前页面制作基础页面。

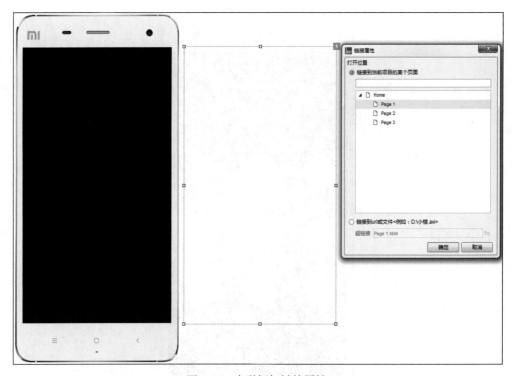

图 3.15　内联框架链接属性

解锁前基础页面由 4 部分组成：背景页面、锁屏图案绘制区、提示页、解锁图案绘制区。其中两个绘制区的制作方法和交互事件基本相同，页面样式如图 3.16 所示。

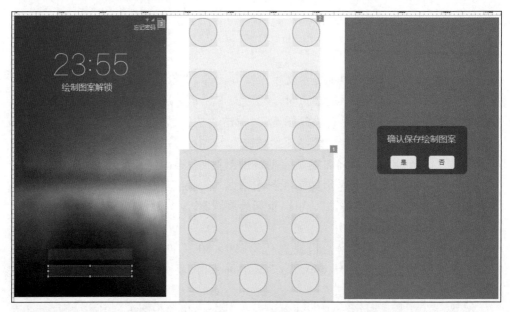

图 3.16　页面组成

解锁图形绘制区的制作：基础页面的制作都是通过基础图形元件的组合完成的。分析解锁图形绘制区，可以发现九宫格中的圆点有两个状态：未选中、选中，如图 3.17 所示。

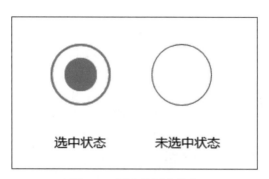

图 3.17　圆点的两个状态

向操作区拖入一个椭圆形元件，设置宽高为 $60×60$，右击转换为动态面板。添加面板状态 2，在新的页面中制作选中状态的圆点样式。设置宽高为 $60×60$，填充颜色 #00CC00。复制动态面板，得到 9 个有两种状态的圆点动态面板，分别命名为"数字 1"～"数字 9"，选中 9 个动态面板转换为新的动态面板，命名为 lock，如图 3.18 所示。

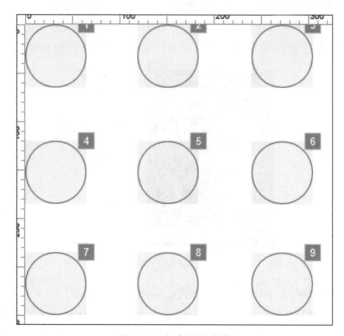

图 3.18　九宫格的制作

复制动态面板 lock，命名为 unlock，得到九宫格解锁区。

步骤 2：添加交互事件

分析解锁过程和锁屏图案绘制过程，可以发现交互事件的添加有两个时间点：动态面板拖动时和拖动结束鼠标指针抬起时。在动态面板被拖动时需要记录被选中的点，同时被选中的点需要显示为被选中的状态。

添加拖动时事件。设置光标进入圆点区域的条件——光标进入元件 1（动态面板 lock 中的动态面板圆点 1）范围，如图 3.19 所示。

图 3.19　光标进入圆点区域的条件设立

新建文本用于接收被选中元件的值：通过选择"表单元件">"文本框"命令，在页面上新建一个文本元件，设置宽高为 200×25，将文本命名为 lock_text。右击文本，在弹出的快捷菜单中选择"隐藏边框"命令，如图 3.20 所示。

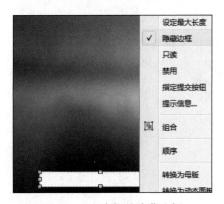

图 3.20　文本框的隐藏边框

进入动态面板 lock，为每个圆点赋值，如图 3.21 所示。

将这个圆点的值传递给一个文本并记录，设置文本 lock_text 的值初始为空，当滑过一个圆点时就在空值上追加这个圆点的值，lock_text 的值是可变的。这里用到变量知识。设置文本 lock_text 的值，如图 3.22 所示。

由于这个值是只在 lock 动态面板中用到，所以这个值是局部变量，在 Axure 中用 LVAR 表示。通过右下方的 fx 按钮进入设置。其中，concat 是数学函数，代表向后面追加一个值。数字"1"代表第一个圆点，如果是第二个圆点，则为数字 2，依此类推。设置结果如图 3.23 所示。

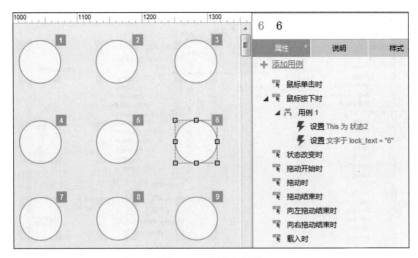

图 3.21　为圆点赋值

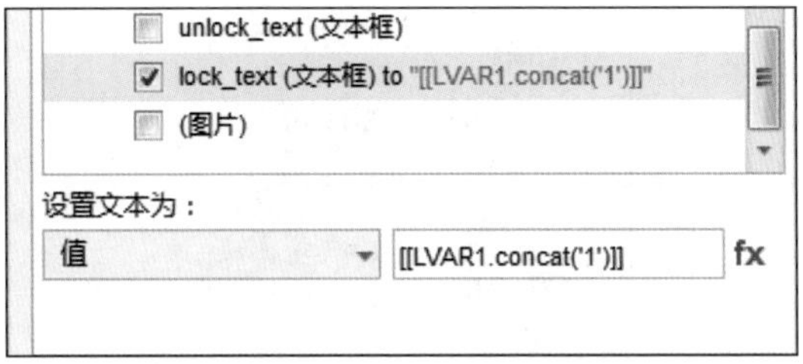

图 3.22　文本 lock_text 的变量值的设定

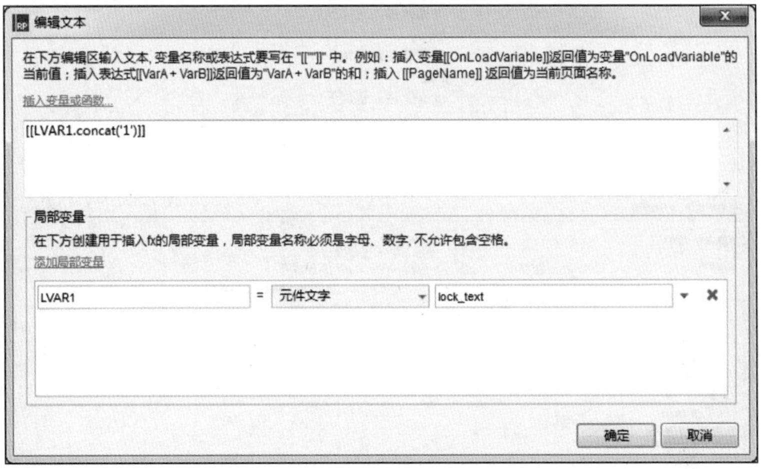

图 3.23　变量值的设定

设定元件状态的变换：光标滑过之后设定元件状态为禁用，使元件不能重复获取文本值，如图 3.24 所示。

用同样的方法为动态面板 lock 中的每个元件添加交互事件，如图 3.25 所示。

添加鼠标松开时事件：锁屏图案绘制结束，光标松开时，设置显示弹屏提示动态面板 Pro，如图 3.26 所示。

图 3.24　元件状态的变化

图 3.25　交互事件的设定

图 3.26　鼠标松开时显示弹屏提示

弹屏提示 Pro 动态面板交互事件：单击"是"按钮，弹屏提示动态面板 Pro 隐藏，动态面板 lock 隐藏，进入解锁画面。设置文本 Result 为"绘制图案解锁"，如图 3.27 所示。

图 3.27　单击"是"按钮的交互事件

单击"否"按钮，弹屏提示动态面板 Pro 隐藏，lock 动态面板中按钮状态设置为状态 1，按钮启用，设置文本 lock_text 的值为空，此时可以重新绘制锁屏图案，如图 3.28 所示。

图 3.28　单击"否"按钮的交互事件

步骤 3：unlock 动态面板的制作与交互

unlock 动态面板的制作过程与 lock 动态面板的制作过程相同。不同之处在于unkock_text 文本在赋值时的变量声明。unlock_text 文本是一个新文本，声明变量

LVAR1 时应指向 unlock_text 文本，如图 3.29 所示。

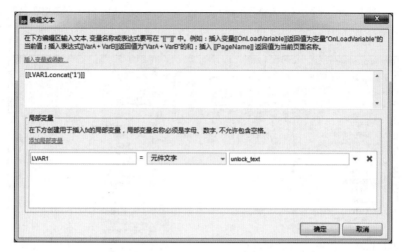

图 3.29　文本 unlock_text 变量声明

　　鼠标松开时事件：设置鼠标松开时的交互条件，如果元件文字 lock_text 与元件文字 unlock_text 相同，如图 3.30 所示。

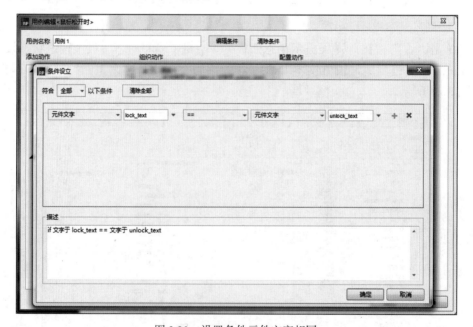

图 3.30　设置条件元件文字相同

　　设置交互：元件文字相同时，设置 Result 文本中文字为"解锁成功"。隐藏 lock 动态面板，等待 300ms 后设置页面动态面板的状态为"解锁后"，如图 3.31 所示。

　　元件文字不同时，设置文本 Result 的文字为"图案错误"，设置文本 unlock_text 的值为空，设置九宫格内的元件状态为状态 1，等待 1000ms 设置文本 Result 的文字为"绘制图案解锁"，如图 3.32 所示。

图 3.31　元件文字相同时的交互设置

图 3.32　元件文字不同时的交互设置

步骤 4：元件的层级及位置设置

各元件的顺序从上层到下层分别为 Pro 动态面板（设为隐藏）、lock 动态面板、unlock 动态面板、lock_text 文本（设为隐藏）、unlock_text 文本（设为隐藏）、背景层，如图 3.33 所示。

为了方便记住密码，添加忘记密码功能，设置交互为单击"忘记密码"时，显示 lock_text，等待 2000ms 后消失，如图 3.34 所示。

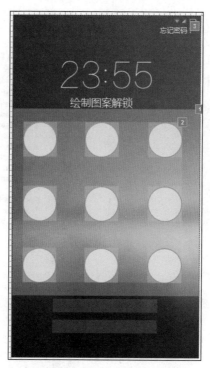

图 3.33　元件的层级及位置

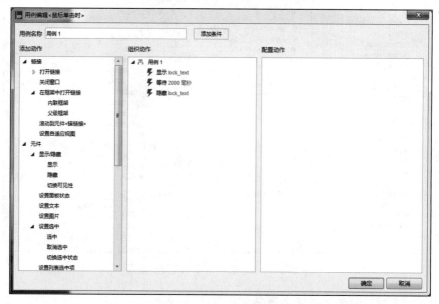

图 3.34　忘记密码功能的设置

最终效果

　　绘制锁屏图案（如图 3.35 所示），出现弹屏提示（如图 3.36 所示），单击"是"按钮，出现绘制图案解锁页面（如图 3.37 所示），绘制错误时，出现绘制图案错误提示（如图 3.38 所示）；绘制正确时，解锁成功（如图 3.39 所示）。

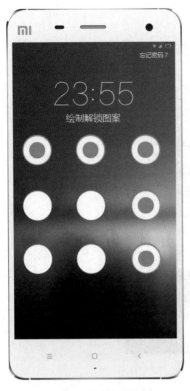

图 3.35　绘制锁屏图案

图 3.36　弹屏提示

图 3.37　绘制解锁图案页面

图 3.38　绘制图案错误提示

图 3.39　解锁成功页面

示例

九宫格案例中涉及了文本元件和等待时间及条件判断的知识。运用所学知识完成星级评价小练习，可以滑动评分也可以拖动评分，如图 3.40 所示。

图 3.40　星级评价

步骤分析：

➢　制作基础页面。

➢　应用条件判断，对指针的位置给出相应的状态及文本值。

➢　评分时文本值做出相应的显示。

知识回顾总结

九宫格加锁解锁案例主要用到了条件判断、局部变量、函数、文本元件、动态面板的拖动事件。条件判断在原型的交互实现中应用较多，例如，表单的提交，页面的跳转等。局部变量和全局变量在应用中主要用在可变的数据处理，例如，案例中数值的变化。在 Axure 中，文本元件、图片元件、选中状态、元件的层级顺序、元件的位置都是可以设置的，元件的角度也可以改变。角度的改变可用于制作加载效果。

技能训练

实战案例 1：使用动态面板和角度变化完成环形加载

需求描述

制作环形加载效果，如图 3.41 所示。

➢ 使用形状样式，制作半圆环。

➢ 使用全局变量制作可变化的进度值。

➢ 使用文本元件显示实时进度值。

➢ 等待事件和元件顺序的配合实现 360° 加载。

➢ 进度条颜色为＃33CC99。

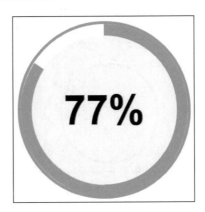

图 3.41　环形加载

实现思路

重点是实现进度数值的变化和进度的环形加载，加载数值变化通过全局变量配合函数实现，环形加载通过元件角度变化配合元件层级顺序变化实现。

根据理论课讲解的技能知识完成本案例，应从以下几点予以考虑。

➢ 如何制作圆环的环形加载。圆环由 3 部分组成：底层背景，上层白色遮罩（两个半环形，组成一个圆环），中间的绿色环形（两个半环形，组成一个圆环）。角度旋转时应先顺时针旋转左侧绿色半圆环（相对位置）180°，完成旋转后再将右侧绿色半圆环至于顶层，顺时针旋转右侧圆环（相对位置）

180°，即可完成环形加载。

➤ 加载进度的数值变化。设置全局变量 OnLoadVariable=OnLoadVariable+1，等待一段时间后将变量值赋值给文本。文本的最大值不超过 100。

➤ 文本的取值。文本变化时，每过一段时间取值显示一次，等待时间配合圆环的加载时间，不同浏览器可能出现圆环的进度与数值不符的情况，可以通过调节等待时间解决。

实战案例 2：小球落地

需求描述

制作小球落地效果，如图 3.42 所示。

➤ 单击小球后，圆环开始加载。

➤ 加载完成后小球下落，出现弹跳等效果。

➤ 小球最终停止于圆心。

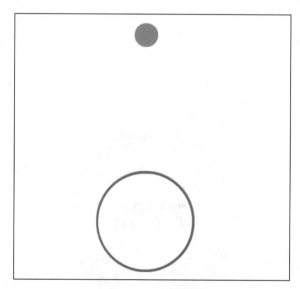

图 3.42　小球落地

实现思路

本案例是环形加载的一个延伸案例，主要在于实现思路的不同。圆环由 3 个 120°的扇形组成，旋转方式类似。小球的下落过程是应用动态面板的移动完成的，要注意相对位置和绝对位置的差别。

根据理论课讲解的技能知识，完成如图 3.42 所示案例效果，应从以下几点予以考虑。

如何制作圆环的加载？

如何制作小球的下落？

➤ 应用动态面板的移动。

➢ 应用等待时间配合动画效果。

本 章 总 结

➢ 动态面板的位置移动有相对位置和绝对位置之分，相对位置指元件之间的位置，是两个元件之间的位置变化。绝对位置是元件在坐标轴的位置。

➢ 动态面板拖动时可以对选中状态信息进行设置和赋值，并通过文本元件进行记录。

➢ 全局变量和局部变量常常配合函数使用，可以使用默认的变量，也可以自定义。

▶ 第 4 章
使用Axure实现产品列表

本章简介

在原型图制作中，经常需要制作一些数据可变的原型。例如，搜索查找时的模糊匹配，管理平台中商品的添加与删除，状态发表时文字输入的字数统计。在 Axure 7.0 之前需要实现这些功能十分复杂，并且要配合大量的动态面板。Axure 7.0 版本开始增加了中继器元件，该元件功能强大，是一个数集的容器，中继器一共有 11 个动作，其中包括 6 个中继器动作和 5 个数据集动作，在原型制作中可以导入图片和数据，在交互上可以实现新增行、删除行、标记行、排序、筛选等。配合函数使用，中继器可以实现的高级交互效果更多。

本章将重点讲解中继器的 11 个动作与条件判断的配合。

本章工作任务

学习中继器的使用，学习条件判断和函数。

本章技能目标

*   掌握中继器的使用方法。
*   掌握条件判断。
*   掌握函数的使用。

预习作业

1. 概念理解

请在预习时找出下列名词在教材中的用法，了解它们的含义，并填写于横线处。

中继器 _____

2. 预习并回答以下问题

简述中继器的使用方法。

4.1　产品列表案例

完成效果

本案例最终可以实现对商品列表进行增、删、改、查的操作，也可以进行排序。页面效果如图 4.1 所示。

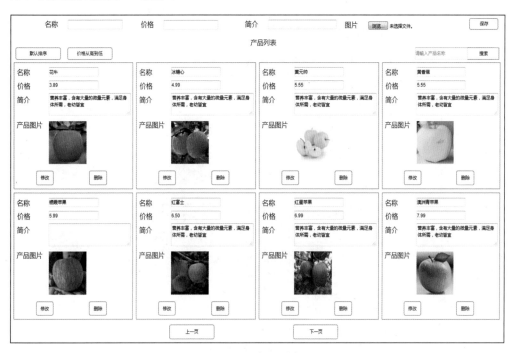

图 4.1　产品列表

技能分析

中继器与条件判断的结合。

实现步骤与讲解

步骤 1：产品页面搭建

本案例中产品列表是由中继器元件搭建的，中继器的使用方法与动态面板略有不同。中继器是数据集，是对数据库的模拟，先制作数据排版结构，然后插入数据即可将想要的效果表现出来，并不需要依次制作所有的数据展示模块，如图 4.2所示。

向页操作区拖入中继器元件，在右侧的属性栏中增加了一项中继器独有的"每项加载时"事件及中继器数据表，如图 4.3 所示。

双击进入中继器面板，此时面板中只有一个矩形元件（无用途，可直接删去），如图 4.4 所示。

图 4.2　中继器的数据排版结构

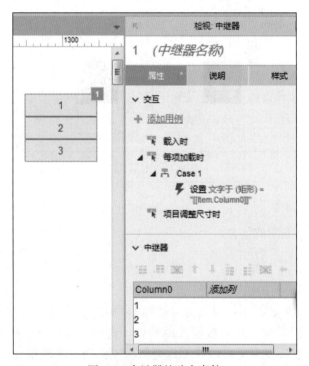

图 4.3　中继器的独有事件

　　向面板中添加所需要的元件(文本元件设置为"只读")。由上向下命名为 name、price、Pro、img。其中，name、price 为单行文本元件(单行文本元件不能对文本进行换行)，Pro 为多行文本元件，如图 4.5 所示。

　　在软件右侧的中继器数据表中新增列，并为新增列命名(中继器中的列名不可以使用中文字符，否则会使设置无效)，同时填入所需的数据值，如图 4.6 所示。

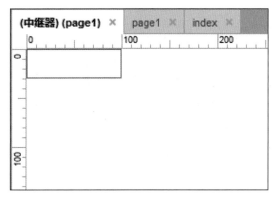

图 4.4　中继器内部样式

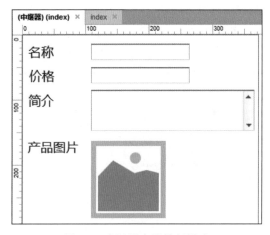

图 4.5　中继器中的排版样式

ID	name	price	Pro	img	添加列
1	栖霞苹果	5.00	营养丰富，含有大量的微量元素，	TB1GD6MJVX	
2	红富士	6.50	营养丰富，含有大量的微量元素，	TB2D7BpgFXX	
3	冰糖心	4.99	营养丰富，含有大量的微量元素，	TB2nq0yuXXX	
4	花牛	3.89	营养丰富，含有大量的微量元素，	TB2SGYJX4eK	
5	澳洲青苹果	7.99	营养丰富，含有大量的微量元素，	u=387416284	
6	黄元帅	5.55	营养丰富，含有大量的微量元素，	557398_1_pic	
7	黄香蕉	5.55	营养丰富，含有大量的微量元素，	黄香蕉.jpg	
8	红玫瑰苹果	12.99	营养丰富，含有大量的微量元素，	红玫瑰苹果.jpg	
9	红肉苹果	11.99	营养丰富，含有大量的微量元素，	红肉苹果.jpg	
10	红星苹果	6.99	营养丰富，含有大量的微量元素，	红星苹果.jpg	

☑ 隔离单选按钮组效果

☑ 隔离选项组效果

☑ 适应Html内容

图 4.6　列名及数据

其中，img 列的图片采用右击导入方式实现，如图 4.7 所示。

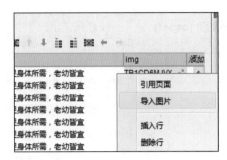

图 4.7 图片的导入

数据插入完成后,为中继器添加"每项加载时"事件。设置文本,选中"name (文本框)"复选框,设置文本框的值为 Item.name。设置文本,选中"price(文本框)"复选框,设置文本框的值为 Item.price。设置文本,选中"Pro(文本框)"复选框,设置文本框的值为 Item.Pro。设置图片,选中"pic(图片)"复选框,设置 Default 值为 Item.img(注:Item 函数返回指定集中的元组),如图 4.8 所示。

图 4.8 设置加载时事件

文本值的设置方法:以"name(文本框)"为例。单击 **fx** 图标,弹出"编辑文本"对话框,单击"插入变量或函数",然后单击"中继器/数据集",选择 Item.name。单击"确定"按钮,完成文字值的设置,如图 4.9 所示。

文本值设定后对各项数据的页面总体排列样式进行设置,主要是对布局、是否分页、间距进行设置,如图 4.10 所示。

设置完成后即可在页面中看到产品列表效果,如图 4.11 所示。

步骤 2:产品的新增

制作数据输入的文本输入框,分别命名为 z_name、z_price、z_pro、z_img,选中 4 个输入框和对应文本,右击转换为动态面板,命名为"数据",设置为隐藏。制作"新增"按钮,右击转换为动态面板,命名为"新增"。添加状态 2,制作同样式的"保存"按钮。新增模块的样式如图 4.12 所示。

图 4.9　文字值函数的设置

图 4.10　样式设置

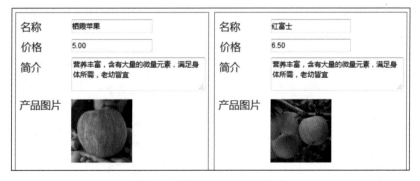

图 4.11　数据的页面展示样式

图 4.12　数据新增的样式

设置交互事件。在录入商品信息时，名称和价格不能为空。

设置文本提示，命名为"提示1"。将提示内容"产品名称和价格不能为空"设置为隐藏。

添加名称文本框的失去焦点时事件，设置判断条件为"如果文字元件为空时"，设置动态面板"新增"中按钮"保存"的状态为"禁用"。显示提示，等待1000ms，隐藏提示，设置动态面板"新增"中按钮"保存"的状态为"启动"，如图4.13所示（价格文本框的设置方法与此相同）。

图4.13　文本元件为空时的设置

图片文本框的设置。在属性栏中将图片文本框的类型设置为文件。

设置动态面板"新增"的交互事件。为状态1中的按钮"新增"添加鼠标单击时事件，显示动态面板"数据"，设置动态面板"新增"的状态为状态2，如图4.14所示。

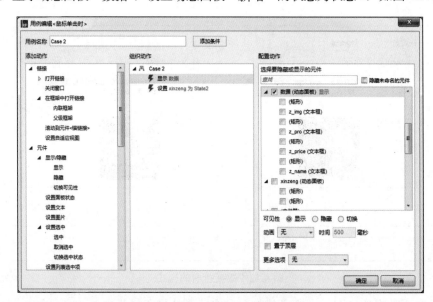

图4.14　按钮"新增"的状态设置

为状态 2 中的按钮"保存"设置鼠标单击时事件。如果文本元件 z_name 与 z_price 为空，禁用动态面板"新增"中的按钮"保存"。显示提示文字，等待 1000ms，隐藏提示文字，启用动态面板"新增"中的按钮"保存"，如图 4.15 所示。

图 4.15　文本元件为空时的设置

如果文本元件 z_name 与 z_price 都不为空，设置添加行 1 为中继器，隐藏动态面板"数据"。设置动态面板"新增"为状态 1，如图 4.16 所示。

图 4.16　文字元件都不为空时的设置

其中，添加行 1 为中继器的设置，如图 4.17 所示。选择"中继器 > 数据集 > 添加行"命令，选中"中继器"复选框。单击"添加行"按钮，弹出"添加行到中继器"对话框。单击 fx 图标，弹出变量"编辑值"对话框。添加局部变量 LVAR1，作为文字元件 z_name 的值。插入局部变量 LVAR1，单击"确定"按钮。

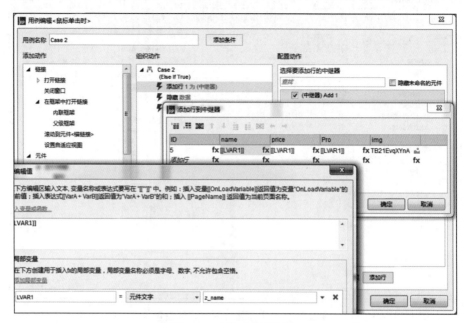

图 4.17　文本变量的添加

Price 列与 Pro 列的添加方式同 name 列，为 img 列选择导入图片，单击"确定"按钮完成添加。最终效果如图 4.18 所示。

图 4.18　数据添加的最终效果

步骤 3：产品信息的修改

在中继器内部添加单行文字元作为新价格输入框，命名为 price_n。添加多行文字元件作为商品简介输入框，命名为 pro_n。添加单行文字作为提示语，命名为提示 2，文字内容为"商品价格必填，不能为空"。添加一个按钮，转换为动态面板，命名为"修改"（页面效果如图 4.19 所示）。双击动态面板"修改"，新增状态 2，进入状态 2，添加两个按钮："保存"和"取消"。

设置文本元件 price_n、pro_n、"提示 2"为隐藏。

为动态面板"修改"状态 1 中的"修改"按钮添加鼠标单击时事件：显示文本元件 price_n 与 pro_n，设置动态面板"修改"的状态为状态 2。

为动态面板"修改"状态 2 中的"保存"按钮添加鼠标单击时事件：如果文字元件 price_n 的值为空，设置动态面板"修改"中"保存"按钮为禁用状态。显示文本元件"提示 2"，等待 1000ms，隐藏文本元件"提示 2"，设置动态面板"修改"

中"保存"按钮的状态为启用，隐藏文本元件"提示 2"，如图 4.20 所示。

图 4.19   修改界面的制作

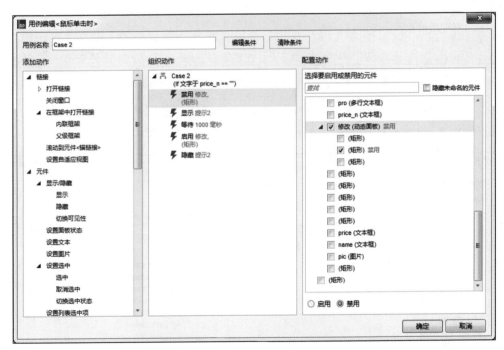

图 4.20   当文字元件 price_n 为空时"保存"按钮的设置

如果文字元件 price_n 不为空，标记行，选中中继器复选框，选中 This 单选按钮。更新行，选中中继器复选框，选中"已标记"单选按钮，选择列 price，Value 函数设为局部变量 LVAR1（声明局部变量 LVAR1 为文本元件 price_n）。更新行，选中"中继器"复选框，选中"已标记"单选按钮，更新文本框，选择列 pro，Value 函数为局部变量 LVAR1（声明局部变量 LVAR1 为文本元件 pro_n）。取消标记，选中中继器复选框，选中 This 单选按钮。设置动态面板"修改"的状态为状态 1，如

图 4.21 所示。

图 4.21　当文字元件 price_n 不为空时"保存"按钮的设置

　　为动态面板"修改"状态 2 中的"取消"按钮添加鼠标单击时事件：设置文本元件 pro_n 与 price_n 为隐藏，设置动态面板"修改"为状态 1，如图 4.22 所示。

图 4.22　单击"取消"按钮时的交互设置

最终效果图如图 4.23 所示。

图 4.23　修改功能最终效果

步骤 4：产品信息的删除

在中继器页面右下角添加删除按钮，设置鼠标单击时交互事件：删除行，选中"中继器"复选框，选中 This 单选按钮，如图 4.24 所示。

图 4.24　删除按钮的交互设置

步骤 5：产品信息的查询

在产品列表右上部应用文本元件制作文本输入框"查找"（提示内容为：请输入产品名称）和按钮"搜索"。设置"搜索"按钮的单击交互事件：如文本元件"查找"不为空时，如图 4.25 所示。

添加筛选，选中"中继器"和"移除其他筛选"复选框，设置名称为"产品"，设置条件为：中继器中的产品名与查找框中的文字相同，如图 4.26 所示。

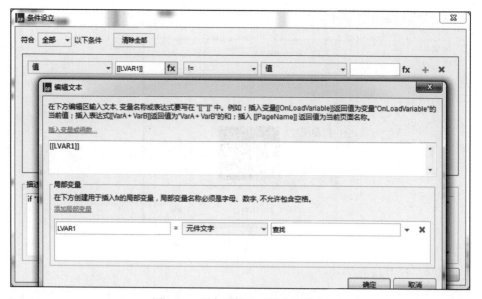

图 4.25　文本元件"查找"不为空

图 4.26　查找框不为空时"搜索"按钮的交互设置

设置条件：如文本元件"查找"为空时。设置交互为移除筛选，选中中继器和"移除全部筛选"复选框，如图 4.27 所示。

通过步骤 5 的设置即可完成查找功能的实现。

步骤 6：产品信息的排序

制作两个按钮："默认排序"和"价格从低到高"。将"价格从低到高"按钮转换为动态面板，命名为"排序"，双击动态面板，添加状态 2，再添加"价格从高到低"按钮到状态 2。

图 4.27　查找框为空时"搜索"按钮的交互设置

设置"默认排序"按钮的鼠标单击时事件，移除筛选，选中"中继器"和"移除全部排序"复选框，如图 4.28 所示。

图 4.28　"默认排序"按钮的交互设置

进入动态面板"排序"状态 1 页面，设置"价格从高到低"按钮的鼠标单击事件为：添加排序，选中"中继器"复选框，设置名称为"降序排列"，属性为 price，排序类型为 Number，顺序为"降序"。设置动态面板"排序"的状态为"状态 2"，如图 4.29 所示。

图 4.29　"价格从高到低"按钮的交互事件 1

进入动态面板"排序"的状态 2 页面，设置"价格从低到高"按钮的鼠标单击事件为：添加排序，选中"中继器"复选框，设置名称为"升序"，属性为 price，排序类型为 Number，顺序为"升序"。设置动态面板"排序"的状态为"状态 1"，如图 4.30 所示。

图 4.30　"价格从低到高"按钮的交互事件 2

步骤 7：产品信息的翻页

制作"上一页"和"下一页"两个按钮。

为"上一页"按钮添加鼠标单击时事件：设置当前显示页面，选中中继器复选框，选择页面为 Previous（Previous 翻译为"以前的"），如图 4.31 所示。

图 4.31 "上一页"按钮的交互 1

为"下一页"按钮添加鼠标单击时事件：设置当前显示页面，选中"中继器"复选框，选择页面为 Next（Next 翻译为"下一个"），如图 4.32 所示。

图 4.32 "下一页"按钮的交互 2

通过本案例制作，讲解了中继器的功能和应用。要注意中继器使用时，列名不是直接显示的，需要其他元件来实现。中继器有一个默认的行序号索引项，只需要增加一列序号列，绑定信息函数 [[item.index]] 即可自动给每一行添加序号。

示例

通过产品列表案例，学习了中继器的运用。下面尝试使用所学知识完成学生信息筛选的案例。要求：单击"学生编号""姓名""年龄""性别"，可对学生信息进行排列，且排列方式可以切换，页面样式如图 4.33 所示。

序号	学生编号	姓名	年龄	性别
1	001	杨伟	31	男
2	002	范童	23	男
3	003	毕云涛	26	男
4	004	杜琦燕	21	女
5	005	焦厚根	32	男
6	006	张开凤	33	女
7	007	王丽茹	26	女
8	008	秦寿生	25	男
9	009	韩建	23	男
10	010	杜子腾	32	女

图 4.33　学生信息排列

步骤分析：

➤ 使用中继器制作学生列表。

➤ 使用矩形元件制作表头。

➤ 添加筛选，设置筛选方式为切换。

知识回顾总结

在产品列表案例中，应用了中继器的功能，实现了对产品列表的增、删、改、查和排序与分页功能。中继器的重要优点在于不需要制作大量的静态页面就能实现各种交互效果。相比于使用动态面板要方便很多。只要记住使用的步骤，可以很容易地使用中继器。难点在于对函数和条件的理解。

4.2　百度搜索案例

完成效果

整体内容水平居中，搜索时实时匹配搜索结果。完成效果如图 4.34 所示。

技能分析

本案例的技术要点在于如何将输入框中的文字传输给中继器并返回结果和页面

中主体内容的居中显示。

图 4.34　搜索结果实时匹配

实现步骤与讲解

步骤 1：页面搭建

将素材拖入操作区，拖入文本元件作为输入框，命名为"输入框"。用中继器元件制作"匹配结果"列表（过程参看产品列表案例），效果如图 4.35 所示。

图 4.35　基础页面的搭建

步骤 2：添加交互

设置交互：设置页面载入时，如果文本元件"输入框"为空，隐藏匹配结果，如图 4.36 所示。

图 4.36 文本元件"输入框"为空时隐藏匹配结果

设置文本元件"输入框"的交互事件：文本改变时事件。如果文本元件"输入框"的文字长度值大于等于 1（如图 4.37 所示），添加筛选，选中"中继器"复选框，设置条件为 [[Item.search.indexOf(LVAR1)>-1]]（其中函数 indexOf('searchValue') 表示"检索规定需检索的字符串值"，属于字符串函数，如果没有检索到结果，返回值为 -1。当需要两个条件同时搜索时，函数为 [[(Item.aaa.indexOf(LVAR1)+Item.bbb.indexOf(LVAR2))>-2]])，如图 4.38 所示。

图 4.37 条件的设置

图 4.38　筛选的设置

设置显示"匹配结果"。整体交互，如图 4.39 所示。

图 4.39　文本元件"输入框"不为空时的交互设置

如果文本元件"输入框"的文字长度值小于 1，移除全部筛选，隐藏匹配结果，如图 4.40 所示。

步骤 3：设置居中

将页面的全部元件选中，右击转换为动态面板，命名为"页面"。右击动态面板"页面",选择"自动调整为内容尺寸"和"固定到浏览器"命令。设置"水平固定"为"居中","垂直固定"为"上",选中"始终保持顶层＜仅限浏览器中＞"复选框,如图 4.41 所示。

图 4.40　文本元件"输入框"为空时的交互设置

图 4.41　设置页面固定到浏览器

通过以上 3 个步骤就完成了案例实时匹配的制作。

示例

实时匹配案例中涉及了中继器、文本长度的函数及判断的知识。下面运用所学知识完成名称查找小练习，实现查找时名称匹配，单击"清除"可清除查找内容，如图 4.42 所示。

图 4.42　名称查找练习

步骤分析：

➢ 基础页面制作，包括外部内联框架的运用、内部中继器的运用。

➢ 应用条件判断，对输入框中的内容进行判断。

➢ 筛选的匹配和清除。

知识回顾总结

实时匹配案例主要用到了中继器筛选、条件判断、局部变量、函数、文本元件。中继器筛选配合变量及条件判断可以完成查找和展示的过程模拟，如果将列表案例与实时匹配案例的知识点结合使用，可以实现类似百度查询的功能。中继器控件其实可以理解为带数据交互功能的表单，可以完成以往需要配合动态面板才能完成的诸如过滤、排序功能，并能根据输入的数据实时添加记录，尤其是过滤功能，在制作网站的高级搜索时，过滤功能对根据选择条件不同显示不同结果有很大帮助，以往仅用动态面板制作的难度大，而且原型的仿真度也受到限制。

技能训练

实战案例 1：使用中继器完成学生成绩表的排序及查找

需求描述

制作中继器查询效果，如图 4.43 所示。

➢ 使用中继器制作基础表格。

➤ 制作以姓名为条件的搜索功能。

➤ 制作以学号、年龄、成绩为条件的排序功能。

➤ 制作以年龄范围为条件的查找功能。

➤ 实现按性别搜索。

图 4.43　环形加载

实现思路

重点是实现按年龄范围的搜索。年龄范围是一个区域值，是局部变量，需要满足条件"开始年龄 <= 局部变量 && 局部变量 <= 结束年龄"。

根据理论部分讲解的技能知识完成本案例，应从以下几点予以考虑。

➤ 如何制作基础表格；序号的自动生成需要使用函数 Item.index。

➤ 按姓名查找并实时匹配的制作步骤参见实时匹配案例。

➤ 按年龄段查找的情况应拆分为：起始年龄都不为空时；开始年龄为空，结束年龄不为空时；开始年龄不为空，结束年龄为空时。

本 章 总 结

➤ 中继器是一个数据集，可以模拟数据的增、删、改、查、排序、分类。

➤ 中继器的使用常常配合条件函数来使用。

➤ 中继器应用中列名不能为中文字符。

➤ 中继器排序功能不能完成对中文名按拼音或笔画排序。

➤ 中继器是对数据集的模拟，无法将真实的数据导入到 Axure 中，在浏览器中演示完成后，浏览器关闭时原型中的数据又回到了默认的状态。

▶ 第 5 章

使用Axure实现社交软件聊天页面

本章简介

　　本章是原型实战章节，将运用第2～4章学习到的动态面板、条件判断、函数、变量、中继器等知识点实现微信聊天的原型实战案例。原型图的制作中涉及动态效果和非固定变化的页面元素时，会使用动态面板与中继器结合的方法完成设计。本章案例通过完成仿微信聊天效果与仿淘宝图片放大效果，学习中继器与动态面板的综合运用，并学习原型的自适应实现。

本章工作任务

　　使用动态面板及中继器完成微信聊天页面动态效果。使用全局变量完成仿淘宝图片放大效果。学习原型自适应的方法。

本章技能目标

* 中继器与动态面板的综合运用。
* 条件判断的排他设计。

预习作业

预习并回答以下问题

（1）如何在中继器中使用动态面板？

（2）如何设置全局变量？

5.1 微信聊天案例

完成效果

原型实现了聊天消息的发送与撤回、发送语音、键盘的弹出与收起、文字输入、表情和语音的切换等功能。完成效果如图 5.1 所示。

图 5.1　仿微信聊天效果实现

技能分析

动态面板与中继器的结合使用。

实现步骤与讲解

步骤 1：基础页面的搭建

在 index 页面中拖入手机模板，设置宽高为 428×848。拖入内联框架，设置宽高为 375×667。设置连接属性到 page1。在 page1 页面中拖入背景页面，设置宽高为 375×667。拖入动态面板，命名为"聊天详情"。在动态面板"聊天详情"中制作详情页面，完成基础页面的制作。详情页面样式如图 5.2 所示。

步骤 2：制作底部键盘的弹出与收起

将组件选中，右击转换为动态面板，命名为"底部栏"。双击动态面板"底部栏"，进入面板内部添加键盘图片素材"键盘 1"，如图 5.3 所示。

将图片键盘转换为动态面板，命名为 keyboard。双击动态面板 keyboard，添加状态 2、状态 3，分别拖入图片素材"键盘 2""键盘 3"。

图 5.2　聊天详情静态基础页面　　　　　　　　图 5.3　底部栏效果

　　添加 3 个状态间的转换交互事件：向状态 1 中的"键盘 1"左下角 ABC 处添加热区，命名为"键盘 1"，为热区"键盘 1"添加按键按下时事件。设置动态面板keyboard 的状态为"状态 2"（如图 5.4 所示），以同样的方法制作各状态之间的切换效果。

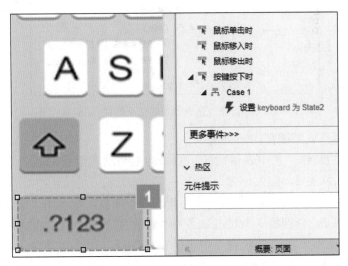

图 5.4　键盘内部状态切换的设置

　　制作键盘的收起效果：向状态 1 中的"键盘 1"右下角 return 处添加热区，命名为"收起"。为热区"收起"添加按键单击时事件。设置移动动态面板"底部栏"到（0,618），方式：绝对位置，动画：线性，时间：500ms（如图 5.5 所示）。以同样的方法制作状态 2 和状态 3 中的收起效果。

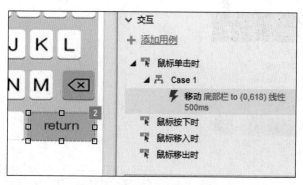

图 5.5　收起效果的交互设置

弹出效果的制作：将底部栏的语音按钮和文字输入选中，右击转换为动态面板，命名为"语音与文字切换"。添加状态 2，将两个状态分别命名为"输入切换""按住说话"。进入动态面板"语音与文字切换"状态 1（输入切换）。在文字输入处添加文本输入框，命名为"文字输入框"。设置鼠标单击时事件：设置获取焦点于文本元件"文字输入框"，移动动态面板"底部栏"到 (0,410)，方式为绝对位置，动画为线性，时间为 200ms，如图 5.6 所示。

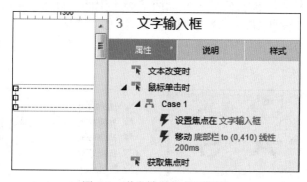

图 5.6　弹出效果的交互设置

步骤 3：制作底部键盘内部交互

添加表情的制作：选中表情图标，右击转换为动态面板，命名为"表情"，添加状态 2。进入状态 2，拖入小键盘图标。

选中动态面板 keyboard，右击转换为新的动态面板，命名为"底部键盘组"，添加状态 2、状态 3，分别将 3 个状态命名为"键盘""表情""添加图片"。

设置动态面板"表情"状态 1 中表情图标的鼠标单击时事件：设置动态面板"底部键盘组"为表情，设置动态面板"语音与文字切换"为输入切换（状态 1），设置动态面板"表情"为状态 2，设置获取焦点在"文字输入框"，移动动态面板"底部栏"到 (0,410)，方式为绝对位置，动画为线性，时间为 200ms，如图 5.7 所示。

设置状态 2 中小键盘图标的鼠标单击时事件：设置动态面板"语音与文字切换"为输入切换（状态 1），设置动态面板"底部键盘组"为键盘，设置动态面板"表情"为状态 1，设置获取焦点在"文字输入框"，移动动态面板"底部栏"到 (0,410)，方式为绝对，动画为线性，时间为 200ms，如图 5.8 所示。

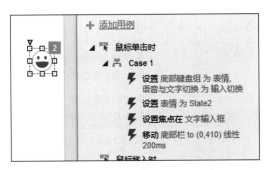

图 5.7　状态 1 表情图标的交互设置

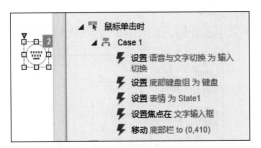

图 5.8　状态 2 小键盘图标的交互设置

添加图片的制作：选中添加图片图标，右击转换为动态面板，命名为"图片"，添加状态 2，进入状态 2，拖入添加图片图标。

设置动态面板"图片"状态 1 中添加图片图标的鼠标单击时事件：设置动态面板"底部键盘组"为图片，设置动态面板"语音与文字切换"为输入切换（状态 1），设置动态面板"表情"为显示，设置动态面板"图片"为状态 2，设置动态面板"表情"为状态 1。移动动态面板"底部栏"到 (0,410)，方式为绝对位置，动画为线性，时间为 200ms，如图 5.9 所示。

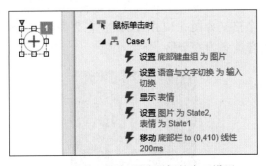

图 5.9　状态 1 添加图片图标的交互设置

设置动态面板"图片"状态 2 中添加图片图标的鼠标单击时事件：设置动态面板"底部键盘组"为键盘，设置动态面板"语音与文字切换"为输入切换（状态 1），设置动态面板"表情"为显示，设置动态面板"图片"为状态 1，设置动态面板"表情"为状态 1。移动动态面板"底部栏"到 (0,410)，方式为绝对位置，动画为线性，时间为 200ms，如图 5.10 所示。

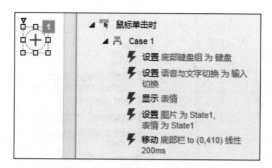

图 5.10 状态 2 添加图片图标的交互设置

步骤 4：制作语音输入效果

在聊天详细页面中制作语音输入的图标，如图 5.11 所示。

图 5.11 语音输入交互图标

选中图标，右击转换为动态面板，命名为"语音输入"。为动态面板"语音输入"新添加两个状态，3 个动态面板的内容均为该图标，不同之处在于状态 1 中图标右侧的音量条为两个格（如图 5.12 所示），状态 2 中图标右侧的音量条为 4 个格，状态 3 中图标右侧的音量条为 6 个格。

图 5.12 状态 1 中的语音交互图标

语音输入效果与底部栏的联动制作：设置动态面板"语音输入"为隐藏。双击动态面板"语音与文字切换"进入"按住说话"状态。拖入小键盘图标，再拖入一个矩形元件用于制作按钮"按住说话"。状态 2 下"按住说话"页面效果如图 5.13

所示。

图 5.13　状态 2 页面效果

设置状态 2 的交互：设置小键盘图标的鼠标单击时事件。设置动态面板"语音与文字切换"为输入切换（状态 1），设置获取焦点在"文字输入框"。移动动态面板"底部栏"到 (0,410)，方式为绝对位置，动画为线性，时间为 200ms。设置动态面板"表情"为显示，设置尺寸于矩形元件"按住说话"，设置宽高为 248×35，锚点在左侧，无动画，如图 5.14 所示。

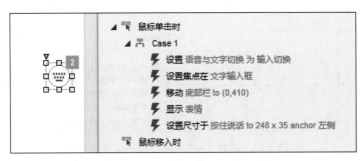

图 5.14　状态 2 中小键盘图标的交互设置

设置矩形元件"按住说话"的鼠标按下时事件：设置动态面板"语音输入"显示，设置动态面板"语音输入"的状态为 next，向后循环，循环间隔为 300ms，无动画。

设置矩形元件"按住说话"的鼠标松开时事件：设置动态面板"语音输入"隐藏，设置动态面板"语音输入"状态为停止循环，如图 5.15 所示。

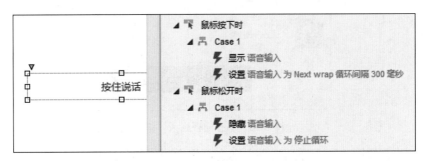

图 5.15　状态 2 中矩形元件的交互设置

设置状态 1 的交互：设置语音图标的鼠标单击时事件。移动动态面板"底部栏"到 (0,618)，动画为线性，时间为 200ms。设置等待事件，时间为 200ms。设置动态面板"语音与文字切换"为按住说话。动画为逐渐，时间为 100ms。设置动态面板"表情"为隐藏，设置尺寸于矩形元件"按住说话"，设置宽高为 275×35，锚点在左侧，无动画，如图 5.16 所示。

图 5.16　状态 1 中语音图标的交互设置

设置文本元件"文本输入框"的鼠标点击时事件：设置动态面板"底部键盘组"为键盘，动态面板"语音与文字切换"为输入切换，设置动态面板"表情"为状态 1，设置获取焦点于文字元件"文字输入框"。移动动态面板"底部栏"到（0,410），动画为线性，时间为 200ms，如图 5.17 所示。

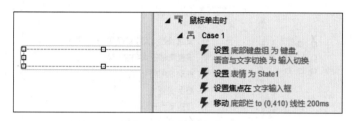

图 5.17　状态 1 中文本输入框的交互设置

步骤 5：制作文字输入效果

可变消息样式的制作：选中聊天详情页面中的 3 条信息与头像，右击转换为动态面板，命名为"聊天详细"，如图 5.18 所示。

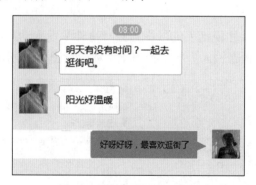

图 5.18　动态面板聊天详细

双击动态面板"聊天详细"进入动态面板内部，删除原页面中的第 3 条消息及头像。向页面中添加中继器，制作的中继器内部样式如图 5.19 所示。

图 5.19　中继器内部样式

中继器内部的绿色聊天背景气泡的宽高为 237×45，上方放置白色矩形元件，作为遮盖条，实现动态显示气泡，设置宽高为 294×46。

设置中继器的数据集为两列，第一列命名为 neirong，第二列命名为 img。向数据集的第一行添加第一列数据"好呀好呀，最喜欢逛街了"，向第二列导入图标"自己的头像"，如图 5.20 所示。

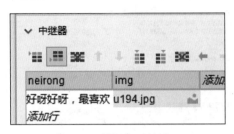

图 5.20   数据集列的设置

设置中继器元件每项加载时事件：为元件气泡设置文字，设置文本为富文本，函数为 item.neirong，对齐方式为靠右，带有空格（为了空出聊天气泡的右侧尖角），如图 5.21 所示。

图 5.21   中继器内文本设置

为元件遮盖条设置尺寸，宽为 [[311-Item.neirong.length*13]]（其中，311 代表聊天内容每行的总宽度，Item.neirong.length 表示文字的字符数量（中文汉字字符），13 代表字体的字号大小），高为 45（原型原因，仅支持单行输入），锚点在左侧，无动画，如图 5.22 所示。

图 5.22　中继器内元件尺寸设置

撤回消息的制作：选中消息撤回元件，右击转换为动态面板，命名为"撤回"，设置为隐藏。设置矩形元件"气泡"在鼠标长按时的交互事件为显示动态面板"撤回"。选中中继器中的所有元件，转换为动态面板，命名为"消息"。双击动态面板"消息"添加状态 2，拖入矩形元件，设置元件文字为"您撤回了一条消息"，作为消息撤回提示，如图 5.23 所示。

图 5.23　消息撤回提示

双击动态面板"撤回"进入动态面板内部，设置矩形元件"撤回"鼠标单击时的交互事件：设置动态面板"消息"为状态 2，等待 5000ms，从中继器中删除 This 行。如图 5.24 所示，设置其他矩形元件鼠标单击时交互事件为隐藏动态面板"撤回"。

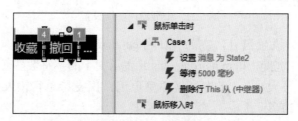

图 5.24　撤回设置

文字发送的制作：为动态面板"底部栏"中的动态面板"图片"添加状态 3，在状态 3 中制作文字消息发送按钮。

设置鼠标单击时的交互事件：向中继器添加一行（如图 5.25 所示）。为元件文字输入框设置文字，文字内容为空。移动动态面板"聊天详细"到 (0,–80)，动画为线性，时间为 300ms。为动态面板聊天详情设置尺寸，宽为 375，高为 [[LVAR1.height+85]]，锚点为左上角，如图 5.26 所示。

图 5.25　添加行的设置

图 5.26　添加行到中继器

动态面板"聊天详情"的高度 [[LVAR1.height+85]] 中，LVAR1 代表动态面板"聊天详情"，height 函数表示面板的高度，数值 85 为中继器中消息的单行行高，如图 5.27 所示。

图 5.27　动态面板"聊天详情"高度设置

为动态面板"底部栏"中的文字元件"文字输入框"添加文本改变时交互事件，用于判断是否显示发送按钮。如果文字元件"文字输入框"的值不为空，则设置动态面板"图片"的状态为状态 3；如果文字元件"文字输入框"的值为空，则设置动态面板"图片"的状态为状态 1，如图 5.28 所示。

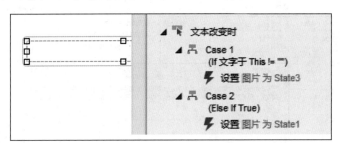

图 5.28　文字输入框文本改变时的设置

步骤 6：制作聊天记录查看页面

设置动态面板"聊天详细"的拖动时事件：移动动态面板"聊天详细"时为垂直拖动，动画为线性。边界设置：顶部小于等于 69，底部大于 -[[LVAR1.height-543]]（动态面板"聊天详细"的高度减去初始时的动态面板"聊天详细"的高度。初始状态下面板只能是向下拖动，所以以为负值），如图 5.29 所示。

图 5.29　动态面板"聊天详细"的拖动时设置

步骤 7：制作整体交互

在动态面板"聊天详情"内部左上角返回处拖入热区，设置鼠标单击时交互：隐藏动态面板"聊天详情"，动画为向右滑动，时间为 500ms，如图 5.30 所示。

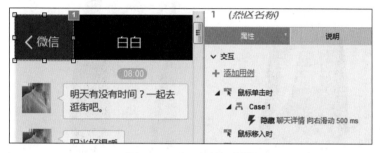

图 5.30　返回主界面制作

设置动态面板"聊天详情"为隐藏，置于背景图片之上。在背景图片上拖入热区，设置鼠标单击时交互事件：显示动态面板"聊天详情"，动画为向左滑动，时间为 500ms，如图 5.31 所示。

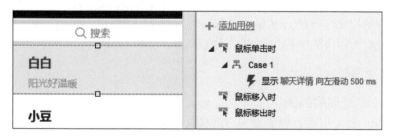

图 5.31　显示动态面板"聊天详情"的设置

注意

由于制作步骤较长，元件较多，容易发生混乱，要整理元件顺序和层级。

知识回顾总结

本案例中应用的主要知识是动态面板和中继器及条件判断。通过案例中文字输入效果的制作对中继器进行了练习和拓展。中继器中可以使用动态面板，应注意步骤：先制作中继器的基础元件，再添加动态面板。在制作动态效果时要明确逻辑关系及元件层级关系，尤其是制作复杂案例时。例如，本案例中，虽然先制作了动态面板"底部栏"，但是最后整理时动态面板"底部栏"应处于动态面板"聊天详细"上层。

5.2 图片放大镜案例

当鼠标从右下角移入图片时，图片右侧显示放大模块，带边框。移动鼠标时放大模块随之改变放大的位置，移出时隐藏。完成效果如图 5.32 所示。

图 5.32　淘宝图片放大效果

技能分析

Axure 原型图并不能实现真正的图片放大功能。此效果是通过两张大小不同、内容相同的图片来实现的，关键在于鼠标在小图片上移动时如何使放大模块获取鼠标位置，转换为相应的坐标用以显示大图片。

实现步骤与讲解

步骤 1：原始图的制作

向页面中拖入小图，设置宽高为 260×260。向小图的右下角拖入一个矩形元件，设置宽高为 77×77。设置矩形元件带描边，无填充颜色。右击矩形元件，转换为动态面板，命名为"滑块"，用于制作拖动区域，如图 5.33 所示。

步骤 2：放大图的制作

将大图拖入主页面中，右击转换为动态面板（为了显示某个区域，而不全部显示），命名为"放大"。设置动态面板"放大"的宽高为 260×260。进入动态面板"放大"，拖入白色矩形元件置于底层，设置宽高为 260×260，带描边（元件用于制作放大模块的白边）。由于图片无法随意设置显示的区域，所以需要将图片再次转换为动态面板，设置宽高为 250×250。由于放大模块在图片小图的右下角，需要进入此动态面板内部，将图片"大图"移动到 (−511,−511)，使大图的右下角处于放大模块窗口中的正确位置，如图 5.34 所示。

图 5.33　原始图的制作

图 5.34　放大面板内部

步骤 3：交互设置

设置动态面板"放大"可见性为隐藏，设置动态面板"滑块"的鼠标单击时交互事件：显示动态面板放大，动画为逐渐，时间为 500ms。

将图片小图和动态面板"滑块"选中，右击转换为动态面板，命名为"原始"，设置载入时交互事件：设置全局变量 bizhi 的值为 [[LVAR1.width/LVAR2.width]]（正数，大于 1。LVAR1 代表元件大图，LVAR2 代表元件小图），如图 5.35 所示。

图 5.35　全局变量 bizhi 的值的设定

设置鼠标的移出事件：隐藏动态面板时放大，动画为逐渐，时间为 500ms。

设置动态面板"原始"中动态面板"滑块"的拖动时交互事件：设置显示元件，动态面板放大，动画为逐渐，时间为 500ms。设置移动元件，动态面板"滑块"方式拖动。添加边界：顶部大于 0，左侧大于 0，右侧小于等于 260，顶部小于等于260。移动元件动态面板"大图"绝对位置：[[-LVAR1.x*bizhi]]，[[-LVAR1.y*bizhi]]

（其中 LVAR1 代表动态面板"滑块"，x、y 代表坐标值，bizhi 是加载时设置的全局变量。由于移动"大图"时的坐标是负值，所以有负号"−"），如图 5.36 所示。

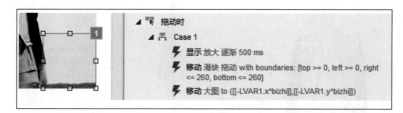

图 5.36　滑块拖动时的交互设置

　　如果将滑块放置在其他位置时，应考虑坐标的正负值，根据实际情况做出变化。

知识回顾总结

　　图片放大的案例主要应用的知识是全局变量。默认显示名称 OnLoadVariable，作用范围为一个页面内，即站点地图面板中一个节点（不包含子节点）内有效，所以这个全局也不是指整个原型文件内的所有页面通用，一般设置在页面载入时或者触发条件时设置。如果要在另一个页面中使用全局变量值，需要先在本页面中把元件值赋给全局变量，在要使用的页面中提取全局变量值。

5.3　自适应网站原型案例

　　随着技术的发展，电子设备的类型也变得丰富起来。为了适应原型在不同尺寸的终端上可以正常显示的需要，Axure 提供了自适应视图功能。自适应视图功能和响应式设计很像。在设计时为原型添加不同的版式改变的响应点，当在不同尺寸的终端设备上浏览时，如果符合响应点的设置宽度，原型的版式就会产生变化。

　　启用自适应适用的两种方式如下：

　　（1）在顶部菜单栏中选择"项目 > 自适应视图"命令，启用自适应功能，如图 5.37 所示。

图 5.37　自适应视图的顶部栏启用

（2）在软件属性栏中设置响应点，选中"启用"复选框，启用自适应视图，如图 5.38 所示。

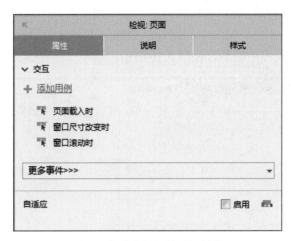

图 5.38 自适应视图的属性栏启用

自适应视图的设置可以使用默认的设置，也可以自定义设置。预设置有 5 种：1200 以上（PC 端，默认名称：高分辨率（基本））、1024 以下（平板横向）、768 以下（平板纵向）、480 以下（手机横向）、320 以下（手机纵向），如图 5.39 所示。

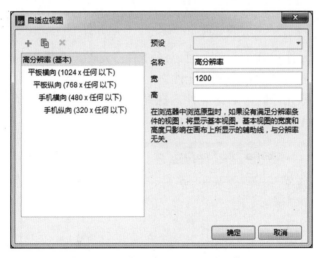

图 5.39 自适应视图的预设置值

图 5.39 中每个选项及名词的名称意义如下。

➢ 预设：使用 Axure 预设尺寸，选择一个屏幕分辨率。

➢ 名称：自定义视图的名称。

➢ 条件：响应自适应视图的条件。

➢ 宽度：浏览器窗口的像素宽度。

➢ 高度：浏览器窗口的像素高度。

➢ 继承于：视图的元件和格式继承于哪个视图。

> ➤ 继承：视图创建后，必须是某个视图的子视图。
> ➤ 基本：设计的自适应项目的默认视图。

要从基本视图开始设计，子视图会继承基本视图的元件和样式，在子视图中根据需求进行更改。对于子视图中的元件，当按下 Delete 键删除时并不是真正的删除，只是在当前的视图中隐藏，如图 5.40 所示。

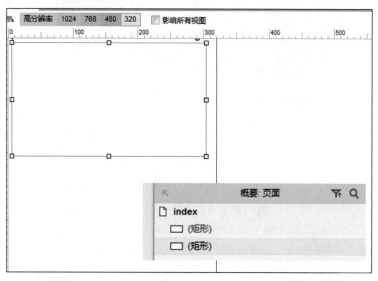

图 5.40　子视图中元件的删除

红色名称的元件代表被删除。可以通过右击元件，在弹出的快捷菜单中选择"在视图中显示"命令恢复被隐藏的元件。

需要真正删除元件时，右击元件，在弹出的快捷菜单中选择"从所有视图删除"命令，即可将元件删除，如图 5.41 所示。

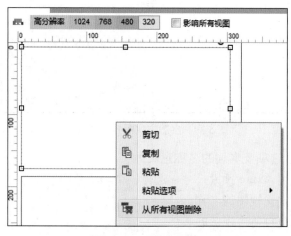

图 5.41　元件的删除

启用自适应视图后，会在操作区顶部显示自适应选项，包含设置的分辨率和对应的宽度辅助线。当前设计的视图显示蓝色，子级视图显示为黄色，父级视图显示为灰色。若选中"影响所有视图"复选框，相关操作会影响整个项目的所有分辨率的设计；若不选中此复选框，只对当前分辨率视图和子级分辨率视图有效。视图的关系按继承关系排列，如图 5.42 所示。

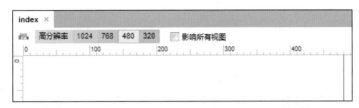

图 5.42　自适应视图选项

完成效果

原型在不同的屏幕宽度下显示不同的样式，不需要重新制作原型，调整版式即可。完成结果如图 5.43 所示（从左向右屏宽依次为 1366、800、480）。

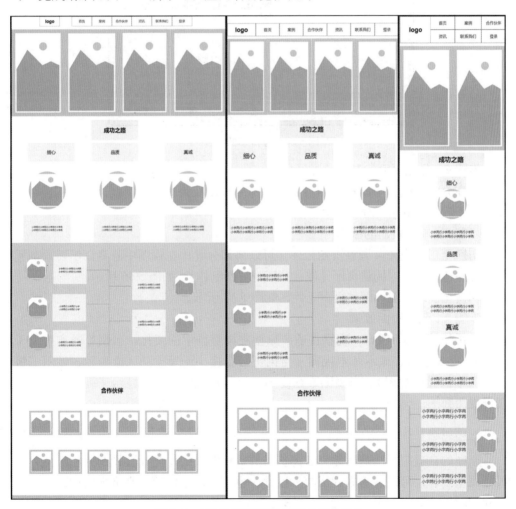

图 5.43　不同屏幕宽度的原型自适应对比

技能分析

Axure 的原型自适应功能。

实现步骤与讲解

步骤 1：分辨率的设置

选中"启用"复选框。设置基本分辨率为 1200，设置二级分辨率为小于等于
768，三级分辨率为小于等于 480，如图 5.44 所示。

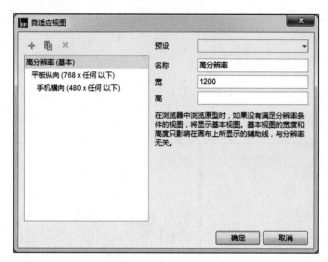

图 5.44　分辨率的设置

步骤 2：原始页面的制作

在高分辨率视图中制作原始页面。顶部导航依次为首页、案例、合作伙伴、资
讯、联系我们、登录，如图 5.45 所示。

步骤 3：响应页面的制作

切换至二级视图，调整页面元件（可以将部分元件在视图中隐藏，不要添加元
件，容易造成错误。调整页面元件，并不是重新制作），如图 5.46 所示。

切换至三级视图，调整页面元件，如图 5.47 所示。

步骤 4：预览页面效果

使用快捷键 F5 预览，观察自适应原型在浏览器中的变化。当浏览器宽度大于
等于 1200 像素时，显示基本视图；当浏览器宽度小于等于 768 像素时，显示二级
视图（平板竖屏视图）；当浏览器宽度小于等于 480 像素时，显示三级视图（手机
竖屏视图）。

知识回顾总结

原型的自适应视图是依靠判断浏览器的宽度完成的。先设置视图的相应点，再
设计原型内容，可以从基本视图向下设计，也可以由最低等向高级视图设计，效果
相同。

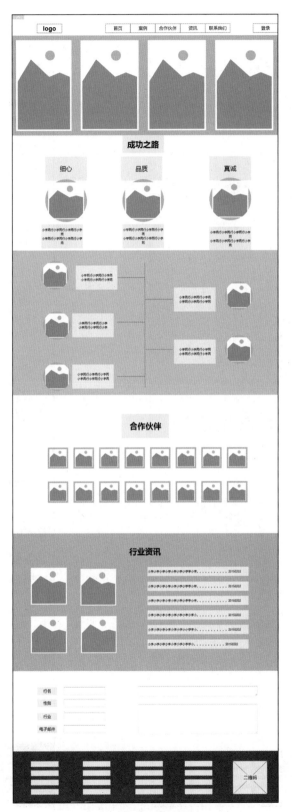

图 5.45　基本视图页面

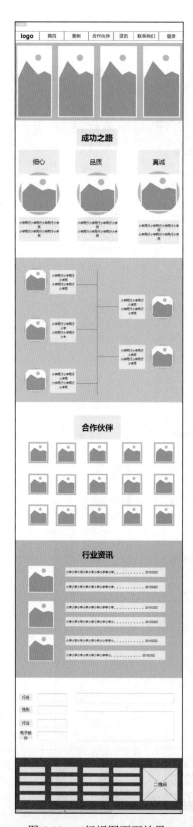

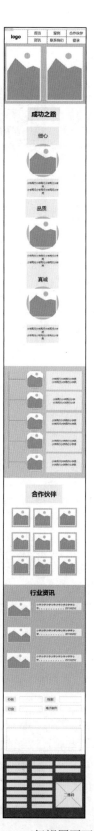

图 5.46　二级视图页面效果　　　　　　图 5.47　三级视图页面效果

技能训练

实战案例 1：朋友圈点赞功能实现

需求描述

制作微信的朋友圈点赞效果，如图 5.48 所示。

➢ 内容可以上下拖动。

➢ 单击"赞"按钮可弹出或收回点赞条，点赞后能取消。

➢ 完成点赞后，下方内容向下滑动，取消后向上滑动。

图 5.48　朋友圈点赞效果图

实现思路

运用动态面板的拖动，完成页面的上下滑动。运用动态面板显示隐藏配合条件判断完成点赞框的弹出与收起。元件的推动和拉动完成点赞、取消点赞的页面滑动效果。

根据理论部分讲解的技能知识，完成如图 5.48 所示案例效果，应从以下几点予以考虑。

如何为页面拖动设置边界？

➢ 如何应用元件的范围解决拖动边界的问题？

➢ 拖动后的效果及位置。

如何对点赞条的状态进行判断？

➢ 元件可见性如何应用？

> ➢ 动画如何配合？

如何进行点赞／取消赞时页面的设置？

> ➢ 推动和拉动元件如何设置？

> ➢ 点赞条的范围与大小如何设置？

实战案例 2：应用全局变量制作登录提示

需求描述

制作登录页面，如图 5.49 所示。

> ➢ 如果输入的用户名为 aaa，密码为 123456，单击"立即登录"按钮时，在
> page1 页面中显示"欢迎回来，aaa"，其中 aaa 为登录页面中用户名的值。

> ➢ 如果输入的是其他用户名或密码，单击"立即登录"按钮时，在 page1 页
> 面中显示"用户名或密码错误"。

图 5.49　登录页面效果图

实现思路

提交时将用户名和密码的值分别赋给两个全局变量。在 Index 页面中通过条件
判断设置不同的文字。

根据理论部分讲解的技能知识，完成如图 5.49 所示案例效果，应从以下几点予
以考虑。

如何设置全局变量？

> ➢ 文本框中的内容是如何存储的？

➢ 如何传递给 page1 页面？

如何进行条件判断？

➢ 元件值的判断如何进行？

➢ 设置矩形元件的文字如何进行？

本 章 总 结

➢ 中继器可以和动态面板配合使用。在中继器内部应用动态面板，应先设
置中继器再设置动态面板。

➢ 全局变量不是应用于所有页面的变量，而是作用范围在一个页面内，可
以跨页面使用，但需要在新页面内取值。

➢ 条件判断时可以根据实际进行"与""或""非"的条件组合。

▶第6章

使用Axure制作网站页面

本章简介

　　本章是原型实战章节，运用第 2～4 章学到的动态面板、条件判断、函数、变量、中继器等知识点实现天猫商城 Web 端原型。通过对天猫商城页面的制作，进行对 Axure 软件的使用的综合练习。

本章工作任务

　　使用 Axure 软件制作 2016 版天猫商城 Web 端页面原型。

本章技能目标

　　动态面板、条件判断、动画效果、全局变量的综合运用。

预习作业

　　预习并回答以下问题

　　选项组的运用过程。

6.1 天猫商城首屏制作

完成效果

制作一个动态的天猫商城页面原型，可登录退出，鼠标移动到相应的区域有反馈交互，交互效果模仿真实网站效果。完成效果如图6.1所示。

图 6.1 天猫商城原型首屏效果

技能分析

Axure的综合应用，主要应用动态面板、条件函数、等待事件、全局变量等多个知识点。

实现步骤与讲解

本案例可以拆分为顶部导航、搜索区、主菜单、banner区、品牌展示区、频道专题分类、专场导航、悬浮导航和搜索框、登录模块、右边栏。

步骤1：顶部导航的制作

顶部导航由两部分组成：左侧登录模块（第一步暂不涉及登录模块，在后面讲解），右侧导航。光标移动到相应按钮时有交互效果，如图6.2所示。

图 6.2 导航效果

拖入图标与矩形元件制作如图6.2所示的导航按钮基础样式，并设置相应的鼠标指针悬停时样式。以"我的淘宝"按钮为例。设置鼠标指针悬停时字体颜色为#FF0000，背景填充颜色为#FFFFFF，如图6.3所示。

图 6.3　鼠标悬停交互样式设置

设置动态面板"我的淘宝"的可见性为隐藏，设置鼠标指针移入"我的淘宝"按钮时交互事件：设置下箭头为状态 2（黑色向上箭头），显示动态面板"我的淘宝"，无动画，弹出效果（鼠标指针移出"我的淘宝"按钮或"我的淘宝"动态面板时，隐藏"我的淘宝"动态面板）。设置鼠标指针移出时交互事件：设置下箭头为状态 1（白色向下箭头），如图 6.4 所示。

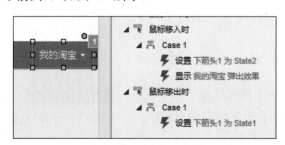

图 6.4　按钮"我的淘宝"交互设置

以同样方式制作其他按钮，并注意导航整体间的层级顺序。完成后选中所有元件，右击转换为动态面板，命名为"顶部导航"。

步骤 2：搜索区的制作

搜索区由一个 GIF 素材和背景图片两部分组成，由素材搭建，如图 6.5 所示。

图 6.5　搜索区的样式

步骤 3：主菜单的制作

主菜单由商品详细分类菜单、双 11 会场菜单、普通专题菜单 3 部分组成。商品详细菜单下包含二级分类菜单和三级分类菜单。双 11 会场菜单下包含 1 个二级菜单，如图 6.6 所示。

图 6.6　主菜单样式

（1）制作基础样式。

分类按钮的制作：本模块用动态面板完成按钮的制作（后面将讲解应用选项组和选中来完成类似功能，此处与后面类似案例作对比）。制作"商品分类"按钮，填充颜色为 #DD2727，字体颜色为 #FFFFFF。选中按钮，右击转换为动态面板，命名为"商品分类"。增加状态 2，设置颜色填充为无，字体颜色为 #FFFFFF。

商品分类二级菜单的制作：商品分类二级菜单由图标素材、矩形元件、热区组成，位于分类按钮的下方，如图 6.7 所示。

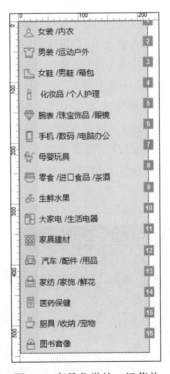

图 6.7　商品分类的二级菜单

以"女装 / 内衣"为例。设置矩形元件的选中时交互样式：字体颜色为 #FF33CC。设置选项组名称为 1，如图 6.8 所示。

图 6.8　矩形选中时交互样式及选项组

　　选中所有二级菜单中的元件，右击转换为动态面板，命名为"分类二级"，设置可见性为隐藏。

　　商品分类三级菜单的制作：三级菜单位于二级菜单右侧。向操作区中拖入动态面板，命名为"分类三级"，设置宽高为 960×546。双击动态面板添加状态 2、状态 3，在 3 个状态中分别放置三级菜单图片素材。将动态面板"分类三级"的可见性设为隐藏。

　　"双 11 狂欢"按钮的制作：为状态 1 中的按钮填充背景色，颜色值为 #3F1818，文字颜色为 #FFFFFF，为状态 2 中按钮填充背景颜色，颜色值为 #DD2727，文字颜色为 #FFCC33。"商品分类"按钮的制作方式与"双 11 狂欢"按钮的制作方式相同。

　　狂欢二级菜单的制作：设置整体宽高为 218×546，背景填充为 #000000，不透明度为 75%。单击按钮宽高为 168×34，无填充，描边颜色为 #DD2727。设置选中时交互样式：填充颜色为 #DD2727，设置选项组名称为 2。选中所有狂欢二级菜单中的元件，右击转换为动态面板，命名为"狂欢二级"。其中热区用于交互设置，如图 6.9 所示。

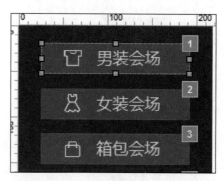

图 6.9　狂欢二级菜单内部按钮样式

　　普通专题菜单的制作：菜单由图标、矩形元件、红色小图标组成。红色小图标位于按钮上部，鼠标指针移入时显示，移出时隐藏。最终效果如图 6.10 所示。

图 6.10　普通菜单最终样式

（2）制作交互效果。

设置按钮"商品分类"的鼠标指针移入时交互：设置动态面板"商品分类"为状态 2，动态面板"双 11 狂欢"为状态 2。设置动态面板"分类二级"为显示，动态面板"狂欢二级"为隐藏，如图 6.11 所示。

图 6.11　按钮"商品分类"的鼠标指针移入时交互设置

设置"双 11 狂欢"按钮的鼠标指针移入时交互：设置动态面板"双 11 狂欢"为状态 1，动态面板"商品分类"为状态 1。设置动态面板"狂欢二级"为显示，动态面板"分类二级"为隐藏，如图 6.12 所示。

图 6.12　按钮"双 11 狂欢"的鼠标指针移入时交互设置

设置普通专题菜单中红色小图标为隐藏，设置鼠标指针移入时显示红色小图标，无动画效果，在"更多选项"下拉菜单中选择"弹出"效果选项，如图 6.13 所示。

```
🖰  鼠标单击时
🖰  鼠标移入时
   🖧  Case 1
      ⚡  显示 htb3 弹出效果
🖰  鼠标移出时
```

图 6.13　普通专题菜单中按钮的鼠标指针移入时交互设置

设置分类二级菜单中热区的交互事件，以内衣女装为例。设置鼠标指针移入时交互：设置矩形元件被选中，设置显示动态面板"三级分类"，无动画效果，在"更多选项"下拉菜单中选择"弹出"效果选项。设置动态面板"三级分类"的状态为状态 1。设置鼠标移出时交互：设置矩形元件状态为取消选中，如图 6.14 所示。

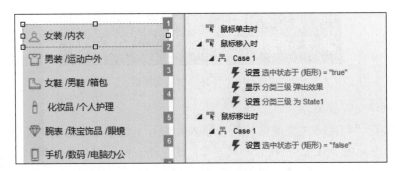

图 6.14　设置分类二级菜单中热区的交互事件

设置狂欢二级菜单中热区的交互事件。设置鼠标指针移入时交互：设置矩形元件状态为选中。设置鼠标指针移出时交互：设置矩形元件状态为取消选中，如图 6.15 所示。

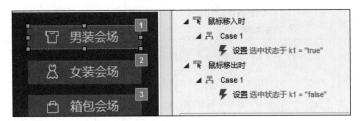

图 6.15　设置狂欢二级菜单中热区的交互事件

> **注意**
>
> 　　动态面板和选项组都能实现类似的移入和移出效果，但选项组的交互设置更简单。配合弹出效果可以很容易实现带有排他性的列表菜单效果。应用动态面板实现相同效果则需要很复杂的设置，容易产生混乱。

步骤 4：banner 区的制作

banner 区由 5 张轮播 banner 图和底部控制区组成。交互效果为页面载入时 banner 自动加载轮播，控制区圆点被选中，跟随变化。鼠标指针移到控制区上时，banner 显示相应的内容，如果鼠标指针不移动，等待 3000ms 后，banner 继续按原顺序轮播。

轮播图的制作：向操作区拖入动态面板，命名为 banner，设置宽高为 1900×546。双击动态面板 banner，新建状态 2、状态 3、状态 4、状态 5。在每个状态中放入一个 banner 素材。

设置动态面板 banner 的载入时事件：设置动态面板 banner 的状态为 Next，向后循环，间隔为 3000ms，首个状态延后 3000ms，设置进入与退出动画效果为逐渐，时间为 300ms，如图 6.16 所示。

控制区制作。用矩形工具制作黑色半透明圆点，设置宽高为 25×25，带描边。设置交互样式：选中时填充颜色为 #FFFFFF，不透明度为 70%，选项组为 ban。用同样方式制作其余 4 个控制圆点。

图 6.16　载入时事件

设置控制区圆点的交互事件，以第一个圆点为例。设置鼠标移入时交互：设置当前圆点状态为选中。设置动态面板 banner 为停止循环。设置动态面板 banner 为状态 1，动画为逐渐，时间为 100ms。设置等待时间为 3000ms。设置动态面板 banner 的状态为 Next，向后循环，间隔为 3000ms，首个状态延后 3000ms，设置进入与退出动画为逐渐，时间为 300ms。

设置鼠标指针移出时交互：设置当前圆点状态为取消选中，如图 6.17 所示。

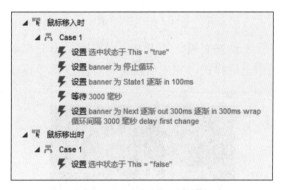

图 6.17　圆点的交互设置

6.2　内容区制作

步骤 1：品牌展示区的制作

品牌展示区由背景图片、商品图片、品牌展示构成，如图 6.18 所示。

图 6.18　品牌展示

展示区以动态面板的可见性切换作为支持。鼠标指针移入品牌时,显示黑色浮层,移出时隐藏。鼠标指针移入右下角"换一批"时显示动画效果。

制作品牌模块,以第一块为例:拖入动态面板到操作区,设置宽高为 135×118,命名为 1,进入动态面板向内部添加品牌素材,如图 6.19 所示。

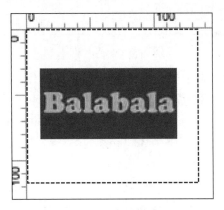

图 6.19　底层样式

新建动态面板,置于动态面板 1 的上方,设置宽高为 135×118,命名为 01,进入动态面板向内部制作上层样式,完成后设置动态面板 01 为隐藏,如图 6.20 所示。

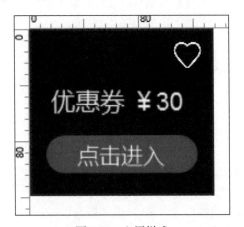

图 6.20　上层样式

设置动态面板 1 的鼠标指针移入时交互事件:设置动态面板 01 显示,无动画效果,在"更多选项"下拉菜单中选择"弹出效果",如图 6.21 所示。

图 6.21　鼠标移入时交互

制作"换一批"模块,该模块的交互设置与品牌模块的交互相同。制作底层样式(如图 6.22 所示)与上层样式(如图 6.23 所示)。

图 6.22 "换一批"模块底层样式

图 6.23 "换一批"模块上层样式

选中中间图标,转换为动态面板,命名为"刷新",为动态面板"刷新"添加状态 2、状态 3、状态 4,状态 1~状态 4 中为刷新图标,图标按逆时针排列,相差 45°,用来完成图标的旋转效果。完成后隐藏上层动态面板 024。设置底层动态面板 24 的鼠标指针移入时交互事件:设置动态面板 024 显示,无动画效果,在"更多选项"下拉菜单中选择"弹出效果"。设置上层动态面板 024 的显示时交互事件:设置动态面板"刷新"的状态为 Next,循环间隔为 100ms。设置鼠标指针移出时交互事件:设置动态面板"刷新"的状态为状态 1,如图 6.24 所示。

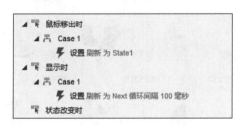

图 6.24 动态面板 024 的交互设置

步骤 2:频道专题分类的制作

频道分类专区效果如图 6.25 所示。

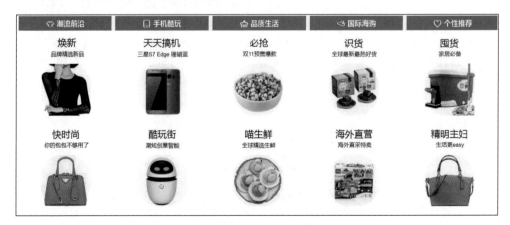

图 6.25 频道分类专区整体效果

其中,鼠标指针移入相应频道模块时,图片显示放大效果。鼠标指针移出相应频道模块时，图片缩小为原始大小。下面以换新模块为例，讲解整体的制作过程。

制作基础页面（由两个矩形元件和一个图片元件组成，图片初始宽高为140×140），将页面转换为动态面板，设置动态面板的鼠标指针移入事件：为图片元件设置尺寸，宽为160，高为160，锚点位于中心，动画线性，时间为300ms。设置动态面板的鼠标指针移出事件：设置尺寸于图片，宽为140，高为140，锚点位于中心，动画线性，时间为300ms，如图6.26所示。

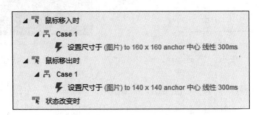

图 6.26　频道模块的交互设置

步骤3：专场导航的制作

专场导航由左侧广告区和右侧导航区组成，最终效果如图6.27所示。

图 6.27　专场导航

左侧广告区除图片下方文字广告滚动循环外，无其他交互内容，右侧的导航区鼠标指针移入相应模块时图片向左侧滑动，移出时向右侧滑动至初始位置。以"时尚棉鞋"模块为例，选中模块内4部分内容，右击转换为动态面板，设置动态面板的鼠标指针移入时事件。设置移动于图片，位置为(100,80)，方式为绝对位置，动画为线性，时间为300ms。设置动态面板的鼠标指针移出时事件。设置移动图片，位置为(130,80)，方式为绝对位置，动画为线性，时间为300ms，如图6.28所示。

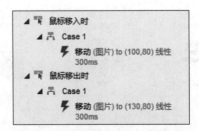

图 6.28　专场导航的交互设置

步骤 4：悬浮导航和搜索框的制作

悬浮导航和搜索区的交互事件为：当屏幕向下滚动到 banner 区下方时，显示隐藏的顶部搜索区和右侧浮动导航。向上滚动则隐藏。

整体交互制作：应用素材和矩形元件，制作悬浮导航与搜索框，分别将两部分转换为动态面板，命名为 topsearch 和 leftbar，将两个动态面板设为隐藏。悬浮导航与搜索框的位置如图 6.29 所示。

图 6.29　悬浮导航与搜索框位置

设置窗口滚动时事件：如果窗口的纵坐标 Y 大于等于 820（从顶部到 banner 区下方的整体高度）时，显示动态面板 topsearch，动画为向下滑动，时间为 300ms，置于顶层。移动动态面板 topsearch 到 Windows.Scrollx,Windows.Scrolly（窗口坐标函数，X、Y 的位置），方式为绝对位置。显示动态面板 leftbar，动画为逐渐，时间为 200ms，移动动态面板 leftbar 到 Windows.Scrollx+214, Windows.Scrolly+290（214 为 leftbar 的 X 轴坐标位置，290 为 leftbar 的 Y 轴坐标位置），方式为绝对位置。

如果窗口的纵坐标 Y 小于 820，设置隐藏动态面板 topsearch 的动画为向上滑动，时间为 100ms，隐藏 leftbar，动画为逐渐，时间为 100ms，如图 6.30 所示。

图 6.30　悬浮导航与搜索框的隐藏于显示交互设置

leftbar 内部交互：以"亲子时光"模块的导航制作为例，向亲子时光左侧顶部拖入热区，命名为"亲子"，作为锚点链接，如图 6.31 所示。

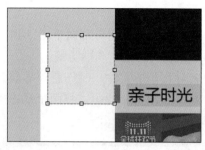

图 6.31　亲子时光模块锚点的位置

　　进入动态面板 leftbar 内部，设置"亲子时光"的鼠标单击时交互事件：添加动作"滚动到元件＜锚链接＞"到"亲子"热区，选中"仅垂直滚动"单选按钮，动画为线性，时间为 500ms，如图 6.32 所示。"

图 6.32　锚链接的交互设置

6.3　登录模块及边栏制作

　　步骤 1：登录模块的制作

　　登录模块的登录口有两个，一个在顶部导航的左侧，另一个在 banner 区中。

　　顶部登录口的制作：交互过程为单击"请登录"时，在窗口中打开登录页面 page1。在登录页面的输入框中输入用户名和密码，单击登录按钮进行登录。如果用户名为空，显示错误提示"用户名或密码错误"，如果不为空，则在窗口中打开主页面 index。显示"hi，某某某积分：203 消息：17　退出"，单击退出时，登录模块恢复登录前样式。

　　制作步骤：应用矩形元件制作登录模块，右击转换为动态面板，命名为 login，如图 6.33 所示（实际原型中，图 6.33 中的文字为白色，制作时为方便制作设为黑色）。

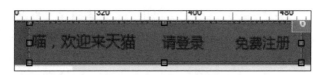

图 6.33　顶部登录口登录前样式

双击动态面板"login"，为动态面板添加状态 2。在状态 2 页面中制作：欢迎词、积分、退出，3 个部分的页面内容，用于用户登录后状态，如图 6.34 所示（实际原型中，图 6.34 中的文字为白色，制作时为方便制作设为黑色）。

图 6.34　顶部登录口登录后样式

设置状态 1 中矩形元件"请登录"的鼠标单击时事件：打开连接 page1。

在 page1 页面中拖入素材"登录页面"。拖入文本元件，命名为 username，设置类型为 Text。设置提示文字为"手机号 / 会员名 / 邮箱"，提示样式为默认，隐藏边框，如图 6.35 所示。

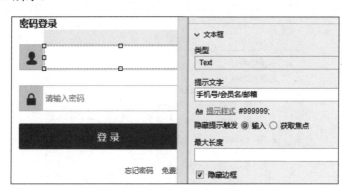

图 6.35　文本框 username 的样式设置

再次向 page1 页面中插入文本元件，命名为 password，设置类型为密码。设置提示文字为"请输入密码"，提示样式默认，隐藏边框，如图 6.36 所示。

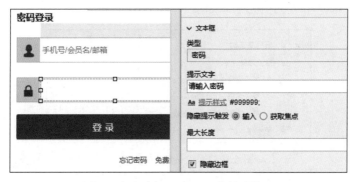

图 6.36　文本框 password 的样式设置

设置矩形元件作为警告信息，内容为"用户名或密码错误"，设置为隐藏。

设置登录的交互，向登录按钮上拖入热区，命名为"登录"，设置鼠标单击时事件：如果文本输入框 username 的文字不为空，则设置全局变量 username 的值等于文本输入框 username 的值 LVAR1，打开连接 index。如果为空，显示警告，等待3000ms 后隐藏警告，如图 6.37 所示。

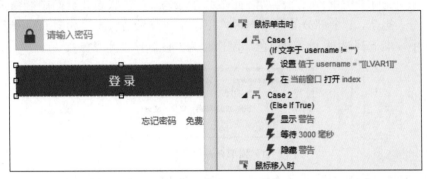

图 6.37　热区"登录"的交互事件

在 index 页面中设置动态面板顶部导航中的动态面板 login 的载入时事件：如果全局变量 username 不为空，设置动态面板 login 为状态 2。设置文字于矩形元件欢迎词，文字内容为"hi,[[username]]"。否则设置动态面板 login 为状态 1，如图 6.38 所示。

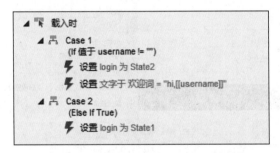

图 6.38　动态面板 login 载入时交互设置

设置动态面板 login 的状态 2 中"退出"的鼠标单击时交互：设置动态面板 login 的状态为状态 1，动态面板 rt（banner 区中用于登录的动态面板）为状态 1。设置全局变量 username 的值为空，如图 6.39 所示。

图 6.39　退出按钮的交互设置

banner区登录口的制作：banner区登录口的制作方式和交互事件与顶部导航区中登录模块的制作方法相同。拖入动态面板元件到banner区，设置宽高为110×520，命名为rt。双击动态面板，添加状态2。向状态1中拖入素材"登录前"。在登录按钮上拖入热区，设置鼠标单击时交互：打开链接到page1。

向状态2中拖入3个矩形元件制作欢迎词："亲爱的""　　""欢迎回来"，如图6.40所示。

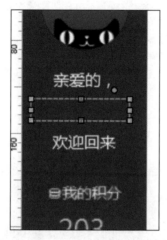

图6.40　动态面板rt状态2中页面样式

设置动态面板rt的载入时事件：如果全局变量username不为空，设置动态面板rt为状态2，为元件用户名设置文字。否则设置动态面板rt为"状态1"，如图6.41所示。

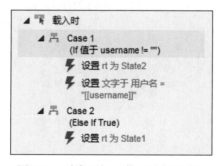

图6.41　动态面板rt载入时交互设置

步骤2：右边栏的制作

拖入右边栏素材到操作区，右击转换为动态面板，命名为"右边栏"。右击动态面板"右边栏"，在弹出的快捷菜单中选择"固定到浏览器"命令。在弹出的"固定到浏览器"对话框中，选中"固定到浏览器窗口"复选框，设置固定到浏览器窗口。水平靠右，垂直居上。选中"始终保持顶层＜仅限浏览器中＞"复选框，如图6.42所示。

通过以上10个模块的制作，就完成了天猫商城页面原型的制作。

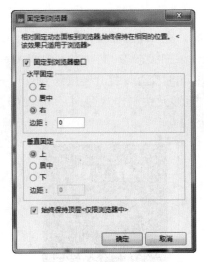

图 6.42　右边栏固定设置

本 章 总 结

➢ 动态面板可以实现多种动态效果,在设计中应充分考虑实际情况,再进行应用。不要盲目配合条件判断。用最简单的方式实现原型效果是应用的必要条件。

➢ 全局变量的跨页面使用应先在本页面中声明,再到需要的页面中进行判断和使用。

➢ 动态效果的实现要考虑条件设置的时机:显示时,单击时,加载时,窗口滚动时。

➢ 原型的制作过程并不复杂,但是需要仔细做好预习,考虑应用哪一种方式实现最终效果。

▶ 第 7 章

Axure常见问题与产品经理职责介绍

本章简介

Axure 软件作为应用颇广泛的原型制作工具，深受广大用户的喜爱。在学习 Axure 软件过程中，新手常会遇到各种各样的问题。本章将讲解常见的问题和使用心得，帮助学习者提高软件的使用水平，理顺学习思路，并讲解产品经理岗位的相关知识。

本章工作任务

学习新手常见问题总结及产品经理岗位知识。

7.1 新手常见问题解答

7.1.1 关于原型设计尺寸

1. Web 端原型设计尺寸

在 Web 端原型设计之前要先了解 PC 机的屏幕分辨率，目前普通显示器支持的分辨率为 $800\times600 \sim 1920\times1080$，中间应用较多的有 1280×700、1366×768、1600×900，如图 7.1 所示。

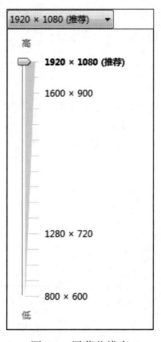

图 7.1　屏幕分辨率

常见的显示器尺寸有 15 寸、17 寸、19 寸、21 寸。15 寸屏幕目前多应用于便携式计算机及笔记本电脑。苹果便携式计算机的屏幕尺寸并非很大，但分辨率很高，通常可以支持到 1920×1080。目前小屏幕低分辨率的显示器在实际使用中应用率较低，所以舍弃 1280×720 以下的设计尺寸。综合以上因素，建议原型中最低选用 1366×768，推荐使用 1920×1080。不要忘记留白的重要性，留白一般为 100。在原型高度的设定上，因为屏幕是可以滚动的，所以没有固定的高度。但是同一模块的内容，应该以一屏幕高度内展示为宜。

2. APP 原型设计尺寸

在实际 UI 设计中，目前阶段通常以 iPhone 机型作为标准设计机型。常用的 iPhone 机型屏幕尺寸，分辨率与原型设计尺寸对应关系如表 7.1 所示。

iPhone 常用机型的屏幕为两类：4.7 寸、5.5 寸。其中，4.7 寸机型在使用中占比重较高。综上所述，建议设计 APP 原型时采用 375×667 的设计尺寸。

表 7.1　分辨率与原型设计尺寸对应关系

iPhone 机型	物 理 尺 寸	分 辨 率	Axure 原型宽高
iPhone5s	4 寸	640×1136	320×568
iPhone6	4.7 寸	750×1334	375×667
iPhone6s	4.7 寸	750×1334	375×667
iPhone6 Plus	5.5 寸	1280×1920	640×960
iPhone7	4.7 寸	750×1334	375×667
iPhone7 Plus	5.5 寸	1280×1920	640×960

在移动端生成原型时按 F8 键，弹出参数设置对话框，可以设置想要的参数，如图 7.2 所示。

图 7.2　生成 HTML 文件时的移动端设置

制作 Axure 原型时还有以下几点注意事项：

➢ 页面命名能用英文，不要用其他字符，以防在解压时页面名称出现乱码。

➢ APP 主页面不要用 index 来命名，否则打开 index 时默认隐藏侧边栏，后续无法复制 URL。

➢ 设计尺寸大小取决于选择的演示方式：在 Web APP 模式中，设计尺寸 = 屏幕高度 – 设备状态栏高度。在 APP 模式中采用设备默认尺寸。

7.1.2　Axure 的使用技巧

➢ 把当前的部分文字元件转换为图片，这个功能可以解决原型中文字的字体、字号、换行等样式设置在不同浏览器中预览时出现的一系列问题。

➤ 图片热区功能可以有效地实现使用者鼠标指针经过时光标变化的体验，同时，范围性的单击也会让小按钮更好响应，特别是当作触屏按钮时。

➤ Axure 里面的语句执行是有先后顺序的，所以如果语句设置没有问题，但是出现不了应有的效果，则需检查一下语句顺序是否有问题。

➤ 用 Axure 可以对图片进行裁剪、拼接。

➤ 可以使用动态面板多层嵌套，解决一些复杂的问题。

➤ 需要处理数据时要使用中继器，该元件学习成本不是很高，但是很好用。

➤ 遇到"什么时候要做什么事"的情况，记得使用条件判断。

➤ 对于原型设计工具，精通一个比掌握 10 个更有价值，如果推荐原型工具，首选还是 Axure。

➤ 原型是为了产品设计服务的，不要因为用很复杂的手段实现简单的功能而浪费时间。

➤ 产品原型是一直在修改的，并不是一成不变的。

➤ Axure 软件也能制作手绘风格的原型。在顶部主菜单中选择"项目 > 页面样式编辑"命令，弹出页面样式管理对话框。在草图 / 页面效果模块中，修改草图项的数值（默认数值为 0），单击"确定"按钮完成设置。

➤ 原型是可以锁定的，选中原型，单击上方菜单栏中"锁定"图标即可将所选原型锁定。原型锁定后不能编辑，也不能被移动。

➤ 要注意养成良好的使用习惯，通过"对齐"与"分布"将原型排列对齐。

➤ 所学习软件的版本越新越好，功能更丰富，更强大。

7.1.3 常用的 Axure 函数

1. 元件函数

常用的元件函数如表 7.2 所示。

表 7.2 常用元件函数

函　　数	说　　明	使 用 方 法
Widget.Width	获取元件的宽度	[[LVAR. Width]]
Widget.Height	获取元件的高度	[[LVAR. Height]]
Widget.X	获取元件左上顶点 X 坐标值	[[LVAR. X]]
Widget.Y	获取元件左上顶点 Y 坐标值	[[LVAR. Y]]
Widget.Left	获取元件左边界 X 坐标值	[[LVAR. Left]]
Widget.Top	获取元件顶部边界 Y 坐标值	[[LVAR. Top]]
Widget.Right	获取元件等右边界 X 坐标值	[[LVAR. Right]]
Widget.Bottom	获取元件底部边界 Y 坐标值	[[LVAR. Bottom]]

2. 窗口函数

常用的窗口函数如表 7.3 所示。

表7.3　常用窗口函数

函　　数	说　　明	使 用 方 法
Window.ScrollX	获取窗口横向滚动的当前坐标值	[[Window. ScrollX]]
Window.ScrollY	获取窗口纵向滚动的当前坐标值	[[Window. ScrollY]]
Window.width	获取窗口的宽度	[[Window.width]]
Window.height	获取窗口的高度	[[Window. height]]

3. 鼠标函数

常用的鼠标函数如表 7.4 所示。

表7.4　常用鼠标函数

函　　数	说　　明	使 用 方 法
Cursor.X	获取鼠标 X 轴坐标值	[[Cursor.X]]
Cursor.Y	获取鼠标 Y 轴坐标值	[[Cursor.Y]]

4. 字符串函数

常用的字符串函数如表 7.5 所示。

表7.5　常用字符串函数

函　　数	说　　明	使 用 方 法
charAt	返回指定位置的字符	[[LVAR. charAt(位数)]]
charCodeAt	返回指定位置字符的 Unicode 编码	[[LVAR. charCodeAt (位数)]]
Concat	连接字符串	[[LVAR. Concat(' 字符串 ')]]
indexOf	检索字符串	[[LVAR.indexOf(' 字符串 ')]]
lastIndexOf	从后向前搜索字符串	[[LVAR. lastIndexOf (' 字符串 ')]]
Slice	提取字符串的片断，并在新的字符串中返回被提取的部分	[[LVAR. Slice(start,end)]] start 要抽取的片断的起始下标。如果是负数，则该参数规定的是从字符串的尾部开始算起的位置。也就是说，-1 指字符串的最后一个字符，-2 指倒数第二个字符，依此类推。 end 紧接着要抽取的片段的结尾下标。若未指定此参数，则要提取的子串包括 start 到原字符串结尾的字符串。如果该参数是负数，那么它规定的是从字符串的尾部开始算起的位置
Split	把字符串分割为字符串数组	使用方法 1： [[LVAR1.Split("")]] 如 果：LVAR1 等 于 asdfg，则返回 a,s,d,f,g 使用方法 2： [[LVAR1.Split("")]] 如 果：LVAR1 等 于 asd fg，则返回 asd,fg
Substr	从起始索引号提取字符串中指定数目的字符	[[LVAR. Substr(start,stop)]]

续表

函　　数	说　　明	使 用 方 法
Substring	提取字符串中两个指定的索引号之间的字符	[[LVAR. Substring(start,stop)]] start 必需 一个非负的整数，规定要提取的子串的第一个字符在 stringObject 中的位置 stop 可选 一个非负的整数，比要提取的子串的最后一个字符在 stringObject 中的位置多 1。如果省略该参数，那么返回的子串会一直到字符串的结尾 [[LVAR. Substring(start)]]
toLowerCase	把字符串转换为小写	[[LVAR. toLowerCase()]]
toUpperCase	把字符串转换为大写	[[LVAR. toUpperCase()]]
trim	去除字符串两端空格	[[LVAR. trim()]]
toString	返回字符串	[[LVAR.toString()]]

5. 日期函数

常用的日期函数如表 7.6 所示。

表 7.6　常用日期函数

函　　数	说　　明	使 用 方 法
now	根据计算机系统设定的日期和时间返回当前的日期和时间	[[LVAR .now()]]
getDate	返回一个月中的某一天（1～31）	[[LVAR. getDate()]]，LVAR 格式为标准日期格式，如 YYYY/MM/DD,YYYY-MM-DD 等
getDay	返回一周中的某一天（0～6）	[[LVAR. getDay ()]]
getDayOfWeek	返回一周中的某一天的英文名称	[[LVAR. getDayOfWeek ()]]
getFullYear	返回日期中 4 位数字的年	[[LVAR. getFullYear ()]]
getHours	返回日期中的小时（0～23）	[[LVAR. getHours ()]]
getMilliseconds	返回毫秒数（0～999）	[[LVAR. getMilliseconds ()]]
getMinutes	返回日期中的分钟（0～59）	[[LVAR. getMinutes ()]]
getMonth	返回日期中的月份（0～11）	[[LVAR. getMonth ()]]
getMonthName	返回日期中的月份名称（0～11）	[[LVAR. getMonthName ()]]
getSeconds	返回日期中的秒数（0～59）	[[LVAR. getSeconds ()]]
getTime	返回 1970 年 1 月 1 日至今的毫秒数	[[LVAR. getTime ()]]
getTimezaneOffset	返回本地时间与格林威治标准时间（GMT）的分钟差	[[LVAR. getTimezaneOffset ()]]
getUTCDate	根据世界时间从 Date 对象返回月中的一天（1~31）	[[LVAR. getUTCDate ()]]
getUTCDay	根据世界时间从 Date 对象返回周中的一天（0~6）	[[LVAR. getUTCDay ()]]
getUTCFullYear	根据世界时间从 Date 对象返回 4 位数的年份	[[LVAR. getUTCFullYear ()]]
getUTCHours	根据世界时间返回 Date 对象的小时（0~23）	[[LVAR. getUTCHours ()]]
getUTCMilliseconds	根据世界时间返回 Date 对象的毫秒（0~999）	[[LVAR. getUTCMilliseconds ()]]
getUTCMinutes	根据世界时间返回 Date 对象的分钟（0~59）	[[LVAR. getUTCMinutes ()]]
getUTCMonth	根据世界时间从 Date 对象返回月份（0~11）	[[LVAR. getUTCMonth ()]]

续表

函　数	说　明	使 用 方 法
getUTCSeconds	根据世界时间返回 Date 对象的秒钟（0~59）	[[LVAR. getUTCSeconds ()]]
toDateString	把 Date 对象的日期部分转换为字符串	[[toDateString()]]
toISOString	以字符串的形式返回采用 ISO 格式的日期	[[toISOString()]]
toJSON	用于允许转换某个对象的数据，以进行 JavaScript Object Notation（JSON）序列化	[[toJSON()]]
toLocaleDateString	根据本地时间格式，把 Date 对象的日期格式部分转换为字符串	[[toLocaleDateString]]
toLocalTimeString	根据本地时间格式，把 Date 对象的时间格式部分转换为字符串	[[toLocalTimeString]]
toLocaleString	根据本地时间格式，把 Date 对象转换为字符串	[[toLocaleString()]]
toTimeString	把 Date 对象的时间部分转换为字符串	[[toTimeString]]
toUTCString	根据世界时间，把 Date 对象转换为字符串	[[toUTCString]]
valueOf	返回 Date 对象的原始值	[[valueOf()]]
addYear	返回一个新的 DateTime，它将指定的年数加到此实例的值上	[[addYear(years)]]
addMonth	返回一个新的 DateTime，它将指定的月数加到此实例的值上	[[addMonth(months)]]
addDay	返回一个新的 DateTime，它将指定的天数加到此实例的值上	[[addDay(days)]]
addHour	返回一个新的 DateTime，它将指定的小时数加到此实例的值上	[[addHour(hours)]]
addMinute	返回一个新的 DateTime，它将指定的分钟数加到此实例的值上	[[addMinute(minutes)]]
addSecond	返回一个新的 DateTime，它将指定的秒数加到此实例的值上	[[addSecond(seconds)]]
addMillisecond	返回一个新的 DateTime，它将指定的毫秒数加到此实例的值上	[[addMillisecond(milliseconds)]]
parse	返回 1970 年 1 月 1 日午夜到指定日期（字符串）的毫秒数	
UTC	根据世界时间返回 1970 年 1 月 1 日到指定日期的毫秒数	

7.1.4　关于高保真原型的意义

Axure 软件的初学者经常会有一个困扰：原型的保真度到底该做到什么程度？网上有一些高保真的大神级原型，这些原型与真正产品几乎没有区别。原型中用到大量复杂的动态面板嵌套、函数、中继器事件。

Axure 是原型工具，工具为工作服务。产品原型针对不同的人群，其要求是不一样的，因为不同的人群其关注点是不同的，UE 设计师关心产品交互与用户体验，UI 设计师更关心页面的元素布局与展现效果，客户更关心产品的展现和功能，程序员更关心业务逻辑与功能实现，所以，合格的原型应该是由各方参与设计与确认，满足需求的原型，在此基础上，如果时间允许，可以制作高保真原型以实现更好的沟通和交流，尤其是用户对需求不明确时，制作高保真的原型就显得很有必要，总之，原型与真实产品越接近，各方对需求就越明确，产品开发的风险就越低，但高保真原型制作过程耗时较多，一般需要 UI 设计师配合完成，所以产品经理要做好平衡。

原型是为明确需求、满足产品设计需要而产生的，不要本末倒置，把精力花在一味地美化原型而偏离了需求，原型图的制作要以产品需求为依据。

7.2　产品经理职责介绍

Axure 软件是产品经理的必备工具，而产品经理也是众多 UI 设计师、交互设计师、前端开发工程师和软件测试工程师的职业发展方向，在讲解 Axure 软件的使用后，本节将对产品经理相关岗位知识进行简单介绍。

7.2.1　产品经理岗位职责

产品经理的职责伴随着产品的整个生命周期，可以粗分为 5 个阶段：市场与用户调研、产品规划与设计、产品开发与项目管理、产品运营与推广、产品生命周期管理。

（1）市场与用户调研

市场及用户研究，是指研究市场以了解客户需求、竞争状况及市场力量（market forces），其最终目标是发现创新或改进产品的潜在机会。主要工作内容有 3 项。

➢ 市场分析：发现并掌握目标市场和用户需求的变化趋势，对未来几年市场上需要什么样的产品和服务做出预测。

➢ 竞品分析：收集竞争对手的资料、试用竞争对手的产品，从而了解竞争对手的产品。

➢ 用户分析：与用户和潜在用户交流，与直接面对客户的一线同事，如销售、客服、技术支持等交流，研究市场分析报告等，通过调研对用户需求进行挖掘和分析；市场调研最终会形成商业机会、产品战略或商业需求文档（BRD），详述如何利用潜在的机会。

（2）产品规划与设计

产品规划及设计，是指确定产品定位，在产品定位基础上明确产品功能、确定产品的外观，包括用户界面设计和用户交互设计（含用户体验部分）。产品规划决定了未来公司的发展方向和战略，一般是由公司 CEO、产品总监等高层在第一阶段调研基础上来做决策，而产品设计一般是由产品经理（PM）和 UI 设计师或交互设计师一起完成，小公司或者创业公司中，产品经理需要独立完成产品设计工作。主要工作内容如下。

➢ 需求管理：对来自市场、用户等各方面的需求进行收集、汇总、分析、更新、跟踪。

➢ 产品规划：确定目标市场、产品定位、发展规划及路线图。

➢ 产品设计：编写产品需求文档，包括业务结构及流程、界面原型、页面要素描述等内容。

> 版本管理：拟定产品的每个版本的功能体系和产品迭代周期。

（3）产品开发与项目管理

开发及项目管理，指带领来自不同团队的人员（包括工程师、UI 设计师、质量管理工程师、测试工程师等），在预算内按时开发并发布产品。通常情况下，在产品经理提交需求和原型后，产品开发由项目经理带领团队完成，产品经理把控进度和质量，在此阶段，产品经理的主要工作内容如下。

> 需求确认：组织协调市场、研发、测试等相关部门，对需求进行评审并确认开发周期。

> 项目跟踪：跟踪项目进度，协调项目各方，推动项目进度，确保按计划完成项目。

> 项目协调：针对项目开发过程中出现的问题，与领导及相关部门进行沟通协调。

> 产品测试：配合测试部门完成产品的测试工作、BUG 的修复管理。

> 产品发布：得到符合需求的产品，筹备产品发布前工作并主导完成产品发布。

（4）产品运营与推广

产品运营与推广，指针对目标用户，采用各种运营手段进行产品传播，达到让目标用户使用产品的目的。在大公司，产品运营工作往往会从产品经理身上剥离，由产品运营部门执行，但这样做的弊端是运营部门对产品的理解不够，对产品传达的理念有衰减，针对这种问题，在近年来，越来越多的互联网公司将产品运营交给产品经理来负责，这样就保证了产品工作的可持续性，产品运营与推广阶段产品经理的主要工作内容如下。

> 协调沟通：与公司领导、相关部门协调资源，与相关部门和人员沟通产品运营、推广中出现的问题。

> 组建运营团队：包括营销推广人员、客服、运维等。

> 编写产品相关文档：建立产品文档和资源库，如产品手册、用户手册、客服手册及其他产品相关文档。

> 产品培训：为公司相关部门、用户进行产品演示和产品培训。

> 建立运营机制：包括用户就产品问题的反馈机制、建立问题响应机制、跟踪产品运营过程中出现的故障、问题，并进行总结、分析，制定解决方法或纳入到产品改进计划，建立产品迭代机制。

> 产品运营：提炼产品核心价值、产品亮点、制作产品推广资料、策划产品营销活动、制定营销、运营、推广方案，实施产品运营与推广活动。

> 数据分析：对产品数据进行监控，分析产品运营效果，组织建立并逐步完善业务数据分析系统，确定数据报表样式，建立日 / 周 / 月数据统计与分析制度，对产品进行持续性优化和改进，整理并定期向相关部门提供产品运营数据作为决策参考依据。

（5）产品生命周期管理

产品生命周期管理，指对产品的规划、设计、开发、发布、运营推广、迭代升级到最终的退出市场全生命周期进行管理。也就是说，在产品上线运营后，产品的相关工作并没有结束，而是更加重要，产品经理要确保产品持续满足用户的需求，实现产品持续性的盈利。

产品的生命周期可以划分为引入期、成长期、成熟期和衰退期4个阶段。

> 引入期：指产品的需求分析、规划及产品设计过程。出现的成果主要为《市场调研报告》《可行性分析报告》《需求分析报告》《产品立项书》《产品设计文档》《产品开发计划》和可交付的产品等。

> 成长期：指产品从上线到快速积累用户的过程，在此阶段通过一系列的运营推广手段，产品用户量快速增长，产品不断迭代升级，产品实现盈利。

> 成熟期：指产品功能基本稳定，形成了稳定的用户群，产品用户量趋于平稳增长，产品盈利能力达到预期。

> 衰退期：是产品用户量和盈利能力下滑到最终退出市场的过程，产品经理应该避免产品进入衰退期，在成熟期阶段就应该持续发掘用户的新需求，持续更新产品，以满足新的用户需求。

7.2.2　产品经理职业路线

产品经理是一个很特殊的岗位，大学和培训机构是培养不出来的，优秀的产品经理一定是经过了大量的产品实践。产品经理的职业路线可以划分为产品助理、产品经理、产品总监等几个阶段。

入门级的产品经理一般可做"产品专员"或"产品助理"，要求具备对行业的热爱和基本的产品技能，例如，会做市场调研、竞品调研、用户调研，会做简单原型图、能做交互、可以写一般的产品文档，但在用户需求挖掘和产品整体把控上不足，一般是协助产品经理完成相关工作，在此阶段要多学习、思考，向产品经理学习，不断进行积累。

产品助理通过多个产品的沉淀，其沟通能力、产品思维等个人能力得到极大提升，对产品和用户有了更深入的理解，如果能够理解和挖掘深层次的用户需求、能够精准地把握产品定位、可以更好地处理产品交互和用户体验、能够协调产品开发并进行产品运营推广，就可以胜任产品经理的主要工作，可以寻求产品经理岗位。

产品经理在经过3～5年时间的积累后将会有质的飞跃，此时的产品经理不再局限于产品本身，能以更高的高度看待产品，如行业角度、市场角度、公司发展角度、用户角度、运营角度等。通过多年的学习和实践，积累了全面的产品知识、树立了正确的产品理论体系，可以快速把握工作中的重点，并能持续推进。在工作上已经不需要安排，形成了自己高效的工作方式和方法，能结合实际情况做出分析，为公司业务和产品规划进行最优的选择。如果同时具备良好的团队管理能力，能够合理利用资源，此时产品经理将不再局限于一个产品和部门，可以从战略和公司业务发展角度来全面规划公司产品体系，能够胜任产品总监的岗位职责。

一个百万年薪的产品总监来源于优秀的产品经理，但并不是所有的产品经理都能够胜任产品总监。产品总监有着强烈的商业意识，能凭借多年的丰富经验对公司产品体现做出合理规划；能够通过最有效的方式方法把产品设计理念传达到各方，获得预期的结果；能够对未来的行业趋势做出准确的判断，并根据这些判断调整自身业务保证产品的良性发展。

一个产品的成功得益于一个好的产品经理，成为产品总监后，能力优秀者可做公司 CEO。

7.2.3　产品经理所需技术

产品经理同普通岗位一样需要许多技能作为支撑。产品经理需要具备的素质和能力可从 4 个方面来理解：个人素质、工具使用能力、管理能力和专业技能。

> 个人素质。个人素质体现在"4 个能力与 8 种思维"。4 个能力包括学习能力、创新能力、沟通能力、执行能力。学习能力用于不断地积累新知识，创新能力用于维持产品的可持续发展，沟通能力用于团队协作，执行力用于快速做出反应。8 种思维包括以用户为中心思维、结构化思维、换位思考、人性的理解、互联网思维、工匠精神、逻辑思维、商业嗅觉，应用于产品的整个生命周期，将产品反复雕琢，精益求精。

> 工具使用能力。产品经理需要掌握的工具分为常用办公软件和专业工具两大类。常用办公工具包括 Word、Excel、PowerPoint、SVN 等，专业软件包括思维导图、Axure、Visio 等。办公软件用于日常办公并提升工作效率，SVN 用于项目管理。专业软件用来进行产品设计和制作原型图等。

> 管理能力。管理能力是产品经理的核心能力，包括时间管理、目标管理、情绪管理、团队管理、项目管理和产品管理。

> 专业技能。专业技能是体现产品经理岗位价值的技能，也是体现个人工作能力的技能，产品经理岗位要求产品经理的专业技能涵盖面要宽，包括行业分析与预测、市场调研与分析、竞品调研与分析、用户调研与分析、需求获取、需求评估、需求管理、产品规划、产品设计、流程设计、原型设计、文档撰写、测试和监控、产品运营、数据分析与处理等，这些技能是产品经理在产品的各个阶段需要承担的相应工作所具备的能力，具备了这些能力才能保证产品经理能够承担起岗位职责。除此之外，产品经理也需要了解和学习其他岗位的技能知识，例如，程序人员所用的技术框架、设计人员所用工具的简单使用、测试的基本知识等，掌握更多的技能有助于提升产品经理的专业性和与各岗位人员沟通时的效率。

通过对产品经理岗位的介绍，希望能对想从事产品相关工作的读者有所帮助，千里之行积于跬步、九尺之台起于垒土，只要不断学习、思考和积累，优秀的你就能不断地成就自己。

本 章 总 结

➢ 新手应该对 Axure 软件多练习，并形成总结的好习惯，达到熟能生巧的目的。

➢ 制作产品原型图时，不要只追求非常复杂的交互效果，满足需求即可，对于需求不明确的产品，在条件允许的情况下，可以制作高保真原型图。

➢ 产品经理是设计师不错的职业发展方向，要成为一名优秀的产品经理，需要提升个人素质、工具使用能力、管理能力和专业技能。